부모가
반드시 알아야 할
우리 아이 안전교육

부모가 반드시 알아야 할
우리 아이 안전교육

초판 1쇄 인쇄 2020년 6월 4일
초판 1쇄 발행 2020년 6월 9일

지은이 홍승범

발행인 백유미 조영석
발행처 (주)라온아시아
주소 서울시 서초구 효령로 34길 4, 프린스효령빌딩 5F

등록 2016년 7월 5일 제 2016-000141호
전화 070-7600-8230 **팩스** 070-4754-2473

값 13,500원
ISBN 979-11-90820-33-2 (03590)

※ 라온북은 (주)라온아시아의 퍼스널 브랜딩 브랜드입니다.

부모가
반드시 알아야 할
우리 아이 안전교육

홍승범 지음

RAON BOOK

프롤로그

한국의 부모는 왜 위험관리 전문가가 되어야 하나?

"설마 나에게 이런 일이 생길 줄이야……."

"전혀 예상하지 못한 일이었다."

"설마 하는 일이 일어나다니, 당황스러웠다."

사고를 겪은 후 당사자들이 공통적으로 하는 말이다. 이 책을 읽고 있는 당신, '설마 나에게 큰 사고가 생기겠어?'라고 생각하는가? 하지만 사고를 겪은 당사자들도 사고가 나기 전에는 당신과 같은 생각이었다.

누구에게나 사고가 닥칠 수 있음을 의심하는 사람은 없다. 하지만 그 '누구'가 나 또는 내 아이가 되리라고 생각하는 사람들은 별로 없다. 안전에 대한 우리의 사고는 이렇게 모순적이다. 누구에게나 일어날 수 있는 사고가 나와 우리 가족만을 피해 가지는 않는다. 우리는 누구나 사고를 만나거나 재난을 당할 가능성을 지니고 살아가는 셈이다.

사람들은 보통 자신에게 불리하다고 판단되는 정보를 무시하는 경향이 있다. 이를 '정상성 편향(Normalcy Bias)'이라고 한다. 자동차 사고는 길을 걷거나 운전을 하다 보면 흔히 일어나는데도 나에게는 잘 일어나지 않는다고 믿는다. 2천여 년 전 폼페이 화산 폭발이 일어났을 때도 많은 사람들이 대피하지 않아 목숨을 잃었다.

물론 너무 과민해도 문제다. 일상생활에서 항상 불안함을 느끼며 살 수는 없다. 지금 당장 일어나지 않는 일까지 지나치게 신경 쓰다 보면 일생생활이 어려워진다. 그래서 본능적으로 자신을 안심시키며 생활한다. 하지만 위험이 닥쳤는데도 그 스트레스를 감당할 자신이 없어 정상적인 상황으로 인식해버리는 것이 문제다. 위험이 닥쳤는데도 '괜찮아. 평소와 같이 나는 안전해'라고 상황을 왜곡해버린다. 재난 발생 시 사람들의 70%가 이러한 정상성 편향을 보인다.

유익함의 두 얼굴

인간이 살아가는 데 없어서는 안 되는 것이 무엇일까? 입고, 먹고, 잠자는 집을 뜻하는 의식주를 가장 먼저 떠올릴 것이다. 그런데 의식주보다 더 중요한 것이 있다. 공기, 물, 불 등의 기본 물질이야말로 생명이 살아가는 데 꼭 필요한 요소다. 공기가 있어야 우리는 숨을 쉰다. 단 몇 분만 호흡하지 못해도 살지 못한다.

사람들은 언젠가부터 휴대폰으로 매일 아침 미세먼지 농도를 확인하는 습관이 생겼다. 이제는 오염된 공기가 우리를 위협하고 있다. 또 물은 어떤가? 하루라도 물을 마시지 않고 살 수 없다. 하지만 장마나 홍수 등의 재난을 겪어본 사람들은 물이 얼마나 무서운지 경험했을 것이다. 불 역시 인간의 관리 범위를 벗어나면 재앙이 된다.

가정에서도 마찬가지다. 우리 아이들이 생활하는 집은 가장 안전하고 편안한 공간이어야 한다. 그런데 한국소비자원의 〈2018년 어린이 안전사고 동향 분석〉에 따르면 어린이 안전사고 발생 장소로 '주택'이 가장 많았다. 가장 안전해야 할 집에서 아이들이 가장 많이 다친다는 것이다.

우리의 일상적인 삶 곳곳에 위험이 도사리고 있다. 유익함과 편리함을 주던 자원이 위험 발생 자원으로 변하는 순간이 바로 재난이다. 그 찰나의 순간을 어떻게 대처하느냐에 따라 우리의 일상이 지속될 수도, 반대로 망가질 수도 있다.

소중한 아이를 지키는 재난 대비

삼풍백화점 붕괴, 씨랜드 화재, 세월호 참사 등으로 우리는 너무 많은 아이들을 잃었다. 이런 사고와 미숙한 구조 활동이 어떻게 세계 경제 10위권의 나라에서 일어날 수 있단 말인가? 높은 수준의 건설 기술과 세계 1위의 조선 기술을 지닌 나라에서 말이다. 그런 우리나라에 건물 붕괴와 선박 침몰을 방지하는 기술이 없다면 누가 믿겠는가?

우리나라는 전 세계에서 단기간에 경제성장을 이룬 몇 안 되는 나라다. 그러나 빠른 경제성장 이면에는 결과우선주의가 자리 잡게 되었다. 결과가 좋으면 다 용서되는 문화 속에서 안전은 뒷전이었다. 부실공사가 성행했고 국민들의 안전의식도 선진국 수준에 미치지 못했다. 재난 대비 매뉴얼과 훈련에 따라 아이들이 다치는 정도나 살아남을 가능성이 달라진다.

여기에 더해 이제는 '이중 위험 사회'가 되었다. 선박 침몰, 화재, 태풍 같은 예측 가능한 과거형 재난뿐 아니라 기후 변화, 4차 산업혁명으로 인한 미래의 예측할 수 없는 위험까지 더해졌다.

나는 보험사에서 재난방지 컨설팅과 위험성 평가 업무를 담당하고 있다. 또한 안전을 전공한 안전전문가다. 더불어 부모로서 두 아이를 키우는 아빠다. 오늘날 국가 차원에서 안전 시스템은 많이 발전했다고 하지만 아직도 어처구니없는 사고가 발생하고 구조 방법이나 활동이 미흡한 것 또한 사실이다. 이런 사회에서 아이들의 안전을 국가에만 맡겨놓을 수는 없다. 국가는 국가대로 국민의 안전에 최선을 다해야 하지만 우리 부모도 아이들의 안전에 관심을 가지고 교육을 받아야 한다.

부모가 안전전문가가 되었을 때 아이는 어려서부터 안전한 생활을 영위할 수 있다. 세 살 버릇 여든 간다고 하지 않는가? 안전전문가라고 해서 거창한 용어가 아니다. 안전에 대해 관심을 갖고 기본을 지키는 것이 안전의 시작이다. 위험은 멀리 있는 것이 아니라 우리 일상에 늘 존재한다. 나는 위험에서 벗어나 있다는 안일함, 혹은 누군가 나의 안전을 지켜줄 것이라는 막연한 기대감에서 벗어나야 한다. 일상에서 위험에 대비하고 안전을 지키려는 작은 실천이 우리에게 안전한 삶을 가져다준다는 패러다임의 전환이 필요하다.

안전한 삶을 몸에 익힌 아이들이 자라서 안전한 사회의 중심이 된다. 사람들 개개인의 안전의식이 모여 사회 안전망을 촘촘하게 만든다. 우리 모두 안전전문가가 되어, 어른들이 만들어놓은 시스템 속에서 더 이상 아이들이 희생되지 않기를 희망한다.

1장에서는 우리나라가 아이들을 키우는 데 과연 안전한가에 대한 의문을 품고, 국내에서 발생했던 대형 사고를 중심으로 원인은 무엇인지에 대해 살펴본다. 국가의 안전 시스템도 문제지만 사람들의 안전의식 또한 개선해야 한다는 점을 설명한다. 재난 발생 시 성공적으로 대처한 해외 사례도 알아본다. 대형사고가 발생하기 전에 사고가 일어날 수 있는 징후들이 반드시 나타난다. 그동안 우리나라는 빠른 경제성장과 결과지상주의 속에서 이런 징후들을 무시해왔다. 아이들이 죽거나 크게 다치는 것을 예방하기 위해서는 사고의 징후들을 미리 살피고 안전대책을 세워야 한다.

2장은 안전의 시각에서 현재 상황을 점검한다. 그동안 대한민국 정부는 사고 발생을 예방하지 못했을 뿐 아니라 사고 발생 시 구조에도 미흡한 모습을 보였다. 세월호 사고 이후 아이들의 안전교육은 많이 발전했지만 여전히 형식적이라는 생각을 떨칠 수 없다. 안전교육을 받은 영국의 한 소녀가 여행지였던 태국 해변에서 쓰나미의 징후를 알아채고 100여 명의 사람들을 대피하게 한 사례도 있다. 이제는 형식적인 안전교육보다는 체험 위주의 교육이 필요하다. 더불어 아이들이 생활하는 집과 그 주변, 학교에서 부모와 아이가 함께 위험을 알아채는 방법도 제시한다.

3장과 4장은 가정이나 야외활동에서 부모와 아이가 함께할 수 있는 안전교육에 대해 설명한다. 아이들 사고 빈도가 가장 높은 가정, 도로, 학교, 자동차, 물놀이장 등을 선정했다. 그 외에도 아이들의 생명을 위협하는 요소는 매우 많다. 그동안 안전에 둔감했던 부모부터 기본적인 안전지식을 습득하고 아이와 함께 공유하기를 바란다. 부모와 아이 모두 안전을 생활화한다면 우리나라는 지금보다 더 안전한 사회가 될 것이다.

홍승범

차례

2장

아이가 생활하는 우리 집과 학교는 안전한가?

3장

가정에서 실천하는 위험 회피 교육

4장

야외활동에서 실천하는 위험 회피 교육

1장

WARNING

대한민국, 사랑하는 내 아이를 키울 만큼 안전한가?

대한민국, 우리가 생각하는 것만큼 안전하지 않다

이 책을 읽고 있는 당신은 부모인가? 인생에는 2단계가 있다고 생각한다. 바로 자녀가 없을 때와 있을 때다. 아이가 없을 때는 자신을 먼저 챙기고 자신이 하고 싶은 일을 우선시한다. 하지만 아이가 생기면 어떻게 변하는가? 삶의 축이 아이 중심으로 바뀐다.

나는 2명의 아이를 키우는 아빠다. 나 혼자 살아가는 세상이라면 조금은 대충 살 것도 같다. 하지만 우리 아이들이 살아가는 세상이 아닌가? 그렇기에 이 세상이 믿고 살 만한가에 더 민감하다.

13년 전, 병원에서 첫아이를 안았을 때 기억이 생생하다. 아이가 부서지지는 않을까, 이 조그만 아이가 부모를 믿고 이 세상에 나왔구나, 아이를 보며 이전에 느껴보지 못한 온갖 감정들이 물

밀듯이 밀려왔다.

아이가 생긴 후에는 아이가 보고 싶은 마음에 집으로 돌아가는 퇴근길이 더 즐거웠다. 운전 습관도 바뀌었다. 좀 더 주의 깊게 살피기 시작한 것이다. 찰나의 사고로 우리 아이가 아빠 없이 자라게 될까 두려웠다. 둘째 아이가 생긴 후로 웬만해서는 도로의 규정 속도를 지키려고 더욱 노력하고 내 안전을 더 살피게 되었다. 그런데 아이가 유치원과 학교에 다니게 되면서 아이의 안전이 더욱 걱정되기 시작했다. 학교에 간다고 나간 아이가 영영 집에 돌아오지 못한다면 어떻겠는가? 이런 일이 나에게 닥치지 말란 법이 있을까?

주기적으로 터지는 후진국형 사고들

25년 전 어느 날 아침, 한강 다리가 무너져 내려 버스가 아래로 추락하면서 등교하던 무학여자중학교와 무학여자고등학교 학생 9명이 생명을 잃었다. 바로 1994년 성수대교 붕괴 사고다.

1995년에는 어떤 일이 있었는가? 강남에 있던 초호화 삼풍백화점이 갑자기 붕괴되어 아르바이트를 하던 학생을 비롯해 1,000여 명의 사상자가 나왔다.

1999년에는 유치원에서 수련회를 간 아이들이 머물던 컨테이

너 건물에서 화재가 발생했다. 씨랜드 화재 참사였다. 이 사고로 유치원 아이들 19명을 포함하여 23명이 희생당했다.

씨랜드 참사가 있고 4개월 후에는 동인천 번화가에 위치한 호프집 건물에서 화재가 발생했다. 당시 중간고사를 마치고 친구들과 호프집을 찾았던 고등학생 56명이 사망하고 78명이 부상당하는 참사가 일어났다.

세월호 침몰 사건은 또 어떠했는가? 제주도로 수학여행을 가던 안산 단원고등학교 학생과 교사들을 포함해 무려 304명이나 희생되었다. 당시 상황으로 보면 304명의 희생자 대부분을 구할 수 있었다.

이 글을 쓰고 있는 지금도 뉴스에는 헬기 추락, 화재, 살인, 미세먼지 등 각종 사건 사고가 연일 보도되고 있다. 또한 언론에 보도되지 않은 크고 작은 안전사고도 폭발적으로 증가했다. 지금도 후진국형 사고가 어딘가에서 계속 일어나고 있다. 왜 우리나라는 후진국형 대형 재난이 반복되는 것일까?

결과지상주의

우리 아이들을 보고 있으면 안타까운 생각이 든다. 왜 그럴까? 극심한 경쟁사회를 살아가고 있기 때문이다. 아이들은 유아기 시

절부터 경쟁에 내몰린다. 한국말도 서투른 아이들을 영어유치원에 보낸다. 학교에서는 좋은 대학에 가기 위해 친구들과 경쟁해야 한다. 대학에 입학하면 좀 괜찮아지는가? 대학생들은 또다시 취업을 위한 경쟁에 내몰린다. 취업을 하더라도 직장에서 살아남기 위해 치열한 삶을 계속해야 한다.

이런 경쟁사회는 언제부터 나타났을까? 1945년 해방과 1950년 한국전쟁으로 인하여 우리나라는 폐허가 되었다. 정말 끼니조차 해결할 수 없던 시기였다. 1961년 군사 쿠데타로 정권이 바뀌었다. 쿠데타로 정권을 거머쥔 박정희는 정치적 정당성을 회복하고자 경제성장을 밀어붙였다.

더 빠른 경제성장을 위하여 정경 유착과 부정부패도 눈감아 주었다. 정부는 특정 기업이나 개인에게 특혜를 주었고, 기업은 정부 관료에게 뇌물로 보답했다. 그렇게 특정 기업은 매우 빠른 속도로 성장했다.

서구에서는 300년에 걸쳐 이룩한 산업화를 우리나라는 불과 40년 만에 이루어냈다. 압축성장은 했지만 성과지상주의가 만연해 수단과 방법을 가리지 않고 목표를 달성하려 했다. 빠른 경제성장을 이루었지만 공정한 경쟁은 사라졌다. 그 과정에서 안전은 경제성장의 걸림돌로 작용했다. 안전은 비효율적이며 비용으로만 여겨졌다. 사고가 나기 전 예방 차원에서의 계획이 아니라 사고 이후에 발생하는 처리 비용을 더 중요하게 생각했던 것이다.

사고로 사람이 죽더라도 비용으로 해결하려는 문화가 팽배했다. 기업은 이윤을 극대화하기 위해 정치인과 연계해 규제 완화와 특혜를 받는 것을 당연하게 여겼다. 결국 부실 공사가 성행할 수밖에 없었다. 그렇게 우리나라는 30~40년간 위험을 담보로 경제성장을 이루었다.

있으나 마나 한 규제

규제는 우리 사회를 지탱하기 위한 필수 요소다. 규제는 법이나 규칙, 규정 등으로 제한하는 것을 말한다. 운전자는 횡단보도 신호등이 초록불로 바뀌면 멈추어야 한다. 하지만 횡단보도를 건너는 사람이 없으면 대부분의 운전자는 그냥 지나간다. 어떤 아이가 깜박이는 초록불을 보고 빨리 건너기 위해 뛰어왔다면 운전자가 아이를 피하지 못하고 사고를 낼 수 있다. 이렇게 법이나 규정이 있어도 이것을 무시하기 때문에 사고가 일어난다.

1993년 서해페리호 침몰 사고는 과적과 정원 초과로 인해 발생했다. 원래 승선해야 할 승객보다 더 많이 태웠으며, 화물의 양도 규정보다 많이 실었다. 이는 배의 복원력에 영향을 주었고 결국 사고로 이어졌다.

갑자기 허무하게 무너져버린 삼풍백화점은 허가된 건축설계대로 공사하지 않았다. 기둥과 철근은 설계치보다 적게 들어갔다. 원래 4층 규모의 건물이었지만 한 층을 더 추가하여 5층 건물이 되었다. 당연히 건물을 지탱하는 기둥은 견디지 못하고 무너질 수밖에 없었다.

우리나라는 선진국의 성공적인 정책이나 법규를 국내 실정에 맞게 도입했다. 다시 말하면 우리나라에는 선진국의 시스템이 제도적으로 잘 정착되어 있다. 하지만 어떤 시스템이든 투명성과 공정성 없이 운영된다면 왜곡된다. 문제는 그 시스템이 잘 운영되는가 하는 것이다.

세월호,
누구도 예외가 아니다

세월호, 이름만 들어도 가슴이 먹먹하다. 우선 몇 가지 질문을 던져보고 싶다.

우리나라에는 배의 침몰을 방지하는 기술이 없는가?

우리나라에는 침몰하는 배에서 인명을 구조할 수 있는 시스템이 없는가?

세월호에 탄 아이들이 고위 관리직의 자녀였다면 그렇게 많은 희생자가 나왔을까?

세계 1위의 조선 기술을 보유하고 있는 대한민국에서 세월호 참사라는 어처구니없는 사고가 발생했다. 해양경찰청은 1953년에 설립되어 수십 년 이상 해양 업무를 수행한 조직인데도 세월호에 탄 대부분의 학생들을 구조하지 못했다. 전 국민은 방송을 통해 세월호가 가라앉는 모습을 지켜보았다. 선장과 선원들은 침몰하는 배에서 맨 먼저 도망갔고, 구조를 하기 위해 달려간 경비정은 적극적으로 구조 행위를 하지 않았다.

세월호 침몰의 원인은 무엇인가?

세월호는 인천과 제주를 오가는 여객선 겸 화물선이다. 2014년 4월 16일도 세월호는 여느 때와 마찬가지로 인천을 출발하여 제주로 향하고 있었다. 그런데 진도 해상 인근에서 침몰해 476명의 탑승자 중 304명이 실종되거나 사망했다.

배를 버리고 탈출한 선장과 선원

침몰 당시 기울어진 세월호에서 선장과 선원들이 속옷 차림으로 먼저 탈출하는 모습을 온 국민이 TV를 통해 지켜보았다. 탈출 당시 그들은 일반 승객처럼 행동했다. 선장은 선박에서 승객과 화물의 안전을 관리하는 최고책임자다. 선장이 승객을 남겨두고 먼저 탈출할 거라고 그 누구도 생각하지 못했다. 세월호 전체 승무원 29명 중 15명은 비정규직이었다. 그들은 안전교육조차 제대로 받지 못해 침몰 시 아무것도 할 수 없었다.

1912년 4월 14일 타이타닉호의 선장은 침몰하는 배에서 마지막 말을 남겼다.

"제군들, 수고했다. 자네들은 임무를 아주 잘 수행했다. 나는 자네들에게 더 이상의 것을 요구할 수 없다. 자네들의 임무는 이제 완전히 끝났다. 바다가 얼마나 험한 곳인지 잘 알 것이다. 이제 자네들의 살길을 찾아라. 신의 가호가 있기를."

그렇게 에드워드 스미스 선장은 배와 운명을 같이했다. 승객을 두고 가장 먼저 탈출했던 세월호 비정규직 선장과는 상반되는 최후였다.

연봉이 적고 비정규직이라는 이유로 비양심적 행동이 정당화될 수 없다. 게다가 수백 명의 승객을 태운 여객선의 선장이 비정규직이고 안전교육조차 받지 못했다는 사실은 우리 사회가 생명보다는 이익을 중요시한다는 점을 보여준다.

침몰 시 구조 시스템 부재

당시 해경은 어땠을까? 해경은 구조를 위한 인력이나 장비보다는 불법 조업을 하는 중국 어선을 감시하는 활동이나 범죄 수사에 더 관심을 기울였다. 세월호 구조를 위해 배치된 해경 '123호'

도 정원 13명의 소형 함정이었다. 배가 침몰하는데도 접근조차 하지 않은 것은 해경이 구조 업무를 소홀히 했다는 반증이다. 세월호가 완전히 뒤집히고 나서도 구조와 희생자 수색 업무는 해경이 아닌 해군과 민간업체에서 진행했다. 그만큼 국가의 구조 시스템이 제대로 갖추어지지 않은 것이다.

배의 침몰 상황을 모니터링해야 하는 진도 해상교통관제센터는 어떠했는가? 주변의 해상교통과 위험 화물 등을 책임지는 해상 안전통합 서비스 시스템인 해상교통관제센터가 침몰 상황을 확인하지 못했다. 진도 해상교통관제센터의 업무 태만도 밝혀졌다. 2인 근무 원칙을 위반하고 1인만 근무를 하고 있었다. 또한 그런 사실을 숨기기 위해 CCTV 영상까지 삭제했다. 인력도 전문가를 배치하지 않고 일반직을 순환보직으로 운영했다.

20년 노후 선박의 운항

세월호는 일본에서 18년 동안이나 운항하고 폐선해야 하는 배였다. 청해진해운은 이 배를 수입하여 대대적으로 증설한 후 운항했다. 당시 여객선의 사용 연령은 20년이었다. 그런데 정부는 선령(船齡, 배의 사용 햇수)을 30년으로 완화했다. 규제를 완화해 경제를 활성화한다는 명분이었다. 선령이 오래되면 당연히 위험도 증가한다. 결국 돈의 논리로 인해 선령이 20년 넘은 여객선이 운항

되었다. 어마어마한 위험을 안고서 말이다.

일상적인 과적과 관리감독의 부재

지구상의 모든 물체는 중력의 영향을 받는다. 따라서 바닥이 무거워야 구조체가 안정하다. 선박도 예외는 아니다. 선박의 무게중심이 바닥에 있어야 배가 안정적으로 운항할 수 있다. 반면 선박의 상부가 무거우면 배의 복원력이 떨어진다.

선박의 무게중심을 잡기 위해 바닥에 채우는 바닷물을 평형수라고 한다. 선박의 평형수가 적으면 배의 무게중심이 높아지거나 한쪽으로 쏠리기 때문에 적절한 양의 평형수가 필요하다. 또한 급하게 선박의 방향을 바꿀 때 선체가 한쪽으로 기울어지거나 넘어지지 않고 평형을 유지할 수 있도록 화물의 적재량을 조절해야 한다. 그러나 세월호는 침몰 당시 화물을 3배 이상 과적했으며, 평형수를 줄여 배의 복원력에도 문제가 있었다.

이를 감시해야 하는 감독관청도 제대로 작동하지 않았다. 한국해운조합은 여객선이 안전하게 출항할 수 있는 상태인지를 점검하고, 그렇지 않으면 시정 조치를 명하거나 출항 정지를 요청할 의무가 있다. 하지만 출항 전 단 한 번도 안전점검을 하지 않고서도 안전점검 보고서에 '양호함'이라고 적어서 제출했다. 출항 전 현장 점검을 통해 기록해야 하는 승객의 수와 화물의 양도 공란으로 비워놓고 출항 후 무전을 통해 사후에 기재했다. 그런데 안전점검 업무를 책임지는 한국해운조합의 월급은 선박 주인인 선사에서 지급한다. 자신들의 월급을 주는 '갑'을 상대로 안전점검이 제대로 이루어질 수 있겠는가?

아무도 관심 없는 안전교육

세월호와 같은 여객선 승무원들은 안전교육을 받지 못했다. 배를 운전하고 정비할 줄은 알아도 안전이나 사고 발생 시 구조와 관련된 업무는 교육받지 못한 것이다. 당연히 평소에 관리해야 할 구명 장비도 점검되지 않았다. 그 결과 세월호 침몰 시 구명 장비들이 제대로 작동하지 않았다.

승객은 어떠했는가? 비행기를 타면 안전벨트를 매고 푸는 법, 비상구의 위치, 바다에 착륙했을 때의 요령 등 안전교육을 받는다. 하지만 여객선에 탄 승객들은 안전교육을 받지도 않고 요구하지도 않는다.

불분명한 재난 컨트롤타워

세월호 참사는 분명 심각한 재난이다. 청와대 국가안보실은 국가 위기 상황에 신속하게 대응하기 위한 위기관리 기능을 수행한다. 세월호 사고 전 해양수산부가 작성한 〈해양사고 위기관리

실무 매뉴얼〉에는 청와대의 국가안보실이 위기관리센터의 역할을 맡는다고 명시되어 있었다.

매뉴얼에 의하면 세월호 사고와 같은 대형 재난 발생 시 국가안보실에서 컨트롤타워 역할을 해야 한다. 그러나 사고 당시 청와대 대변인은 "국가안보실은 통일, 안보, 정보, 국방의 컨트롤타워다. 자연재해가 났을 때는 컨트롤타워가 아니다"(〈경향신문〉, "국가안보실 재난 컨트롤타워 아니다" 김장수 발언 논란, 2014. 4. 23)라고 밝혔으며, "법령으로 보면 정부 안에서는 중앙재난안전대책본부가 하는 것이 맞다"며 안전행정부에 총괄 책임을 떠넘겼다. 청와대는 세월호와 같은 재난 상황에서 국가안보실이 컨트롤타워가 아니라며 책임을 회피했던 것이다.

대형 재난은 한 가지 원인으로 발생하지 않는다

세월호 참사의 원인은 하나의 문제가 아니다. 20년 선박 연령을 30년으로 완화해주었으며, 한국선급(해상 안전 및 재산보호 등을 목적으로 하는 비영리단체)은 무리한 증축을 허가했다. 안전점검을 해야 할 해운조합은 불법 과적을 눈감아주었고 안전점검도 하지 않았다. 해양 사고 발생 시 국민을 구조해야 할 해경은 승객을 구출하지 못했다. 해양수산부의 관료들은 퇴직 후 한국해운조합에서 요직을 차지했다. 제대로 작동하는 것이 하나도 없었던 것이다.

영국의 심리학자 제임스 리즌(James Reason) 교수가 주창한 '스위스 치즈 모델'이 있다. 여러 개의 크고 작은 구멍이 불규칙하게 뚫려 있는 치즈 조각들을 일렬로 정렬하고 구멍을 통해 나열된 치즈들을 관통하는 것은 쉽지 않다. 낱개의 치즈 조각에 난 구멍들이 비슷한 위치에 배열되어야만 관통할 수 있듯이 안전사고 또한 치즈 구멍과 같이 다양한 위험 요인들이 우연치 않게 동시에 일어날 때 발생한다. 구멍이 없는 단 하나의 치즈 조각만 있어도 관통할 수 없는 것처럼 대형 사고도 쉽게 일어나는 것이 아니다.

안전점검을 규정대로 수행했다면, 선원과 승객에게 안전교육을 실시했다면, 불법 과적을 하지 않았다면, 해경이 침몰하는 배에서 적극적으로 승객을 구조했다면, 어느 하나라도 제대로 작동했다면 세월호 참사는 일어나지 않았을 것이다.

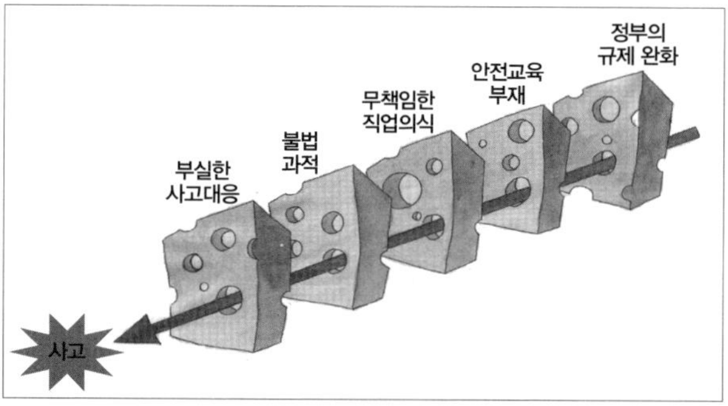

스위스 치즈 모델로 본 세월호 참사

안전 시스템도 문제, 사람은 더 문제

《산업안전대사전》에는 안전 시스템(safety system)을 "일련의 사고를 제한하거나 방지하기 위하여 설계된 장치 및 절차"라고 정의하고 있다. 안전 시스템이 제대로 작동해야 사고를 줄일 수 있고, 사고가 나더라도 피해를 최소화할 수 있다. 그럼 우리 사회의 안전 시스템은 무엇일까? 나는 가장 기본이 되는 것이 〈안전 관련 법규 및 각종 안전 매뉴얼〉이라고 생각한다.

대형 사고 이후 안전법규 제정 및 개정의 역사

2003년 192명의 사망자와 21명의 실종자 그리고 148명의 부상

| 학교 안전교육 7대 표준 |

과정	내용
생활 안전교육	• 등·하굣길 안전 • 안전한 교실, 가정, 공공시설 • 실습, 실험 시 안전 유의 사항 • 실종, 유괴, 미아 상황 예방
교통 안전교육	• 신호등 및 표지판 등 안전규칙 • 안전한 도로 횡단 • 대중교통 안전하게 이용하기 • 자전거 안전 및 점검법
폭력 예방 및 신변보호 교육	• 성폭력 예방 및 대처법 • 아동 학대 신고 및 대처 방법 • 학교폭력 예방법 • 자살 예방
약물 및 사이버 중독 예방 교육	• 해로운 약물 및 화학약품 • TV, 인터넷, 스마트폰 바른 사용법 • 인터넷 게임 사용 규칙 • 향정신성 물질 위험성
재난 안전교육	• 화재 발생 시 유의 사항 및 대처법 • 자연 재난 사고 대처법 • 폭발 및 붕괴, 테러 대처 요령 • 화상 대처법
직업 안전교육	• 산업재해 알기 • 안전시설 현장 체험 • 작업안전 문화 • 안전장비 올바른 사용법
응급처치 교육	• 응급처치 상황, 신고, 조치 방법 • 심폐소생술 및 자동제세동기 사용법 • 일상생활 속 응급처치 • 손 씻기 및 소독 등 청결 유지

자를 낳은 대구지하철 화재 이후 「재난및안전관리기본법」이 만들어졌다. 「재난및안전관리기본법」의 기본 취지는 국민의 생명과 재산을 보호하기 위한 것이다. 이 법이 제정된 이후 매년 한두 차례 개정되고 있지만, 이것만으로 우리 아이들의 생명을 지킬 수 없다. 이후에도 후진국형 재난이 발생해 삶을 채 피워보지도 못한 우리 아이들이 세상을 떠나지 않았는가?

「재난및안전관리기본법」 제정 이후에도 많은 대형 사고가 일어났고, 급기야 2014년에는 온 국민을 가슴 아프게 한 세월호 참사가 발생했다. 세월호 참사 이후 많은 법이 바뀌었다. 300명이 넘는 소중한 아이들의 목숨을 잃고 나서야 안전교육에 대한 법을 강화하기 위해 '학교 안전교육 실시 기준 등에 관한 고시'(교육부 고시 제2019-214호)가 제정되었다.

이 고시에는 유치원부터 고등학교까지 연령과 학령에 맞는 안전교육 시간과 내용을 담고 있다. 이런 법과 안전교육 과정이 있지만 부모들이 잘 모르거나 무관심하다. 부모들도 아이가 학교에서 배우는 안전교육을 공유할 필요가 있어 표로 정리했다.

새로운 법을 제정하기는 쉽지 않다. 그 법으로 인해 누군가는 이익을 보고 다른 누군가는 피해를 보기 때문이다. 하지만 대형 사고가 터지고 나면 안전에 대한 국민적 공감대가 형성된다. 그로 인해 각종 안전 관련 법들이 만들어진 것도 사실이다.

우리나라는 소 잃고 외양간 고치는 격으로 안전에 대한 법을 강화해왔다. 하지만 법에서 규정한 안전교육은 법을 지키는 선에서 형식적으로 이루어질 때가 많다. 우리 부모들이 실제 아이들의 안전에 도움을 줄 수 있도록 안전교육에 관심을 가져야 한다.

사용하지 않는 '안전 매뉴얼'

정부기관에는 각 항목별로 안전 매뉴얼이 잘 갖춰져 있다. 정부의 안전 매뉴얼에는 〈재난대비 학교현장 행동매뉴얼〉 등 약 5,300여 개가 있다. 하지만 실제 현장에서는 잘 작동되지 않는다. 안전 매뉴얼이라 함은 재난이 발생하거나 발생할 조짐이 보일 때 피해가 나지 않게 하거나 최소화하기 위한 지침이라고 할 수 있다.

정부 각 부처 장관의 평균수명은 약 1년이라고 한다. 1년이라는 짧은 근무 기간 내에 어떤 매뉴얼이 있는지 파악하고 그 내용에 따라 현장에 적용할 수 있을지 의문이 든다.

사회는 수없이 변화하고 기술은 빠른 속도로 발전한다. 따라서 안전 매뉴얼은 핵심 위주로 현장에서 작동하고 훈련을 통해 계속 개선되어야 한다. 매뉴얼은 정적인 것이 아닌 동적인 것이어야 한다. 사고의 경험과 과학적인 근거를 바탕으로 내용이 바뀌어야 한다는 것이다. 사고가 나면 개선책도 담아야 한다. 하지만 정부 관계자들은 매뉴얼에 관심이 없다. 매뉴얼이 너무 두꺼워 잘 보지도 않는다.

고아원, 양로원, 장애인시설 등의 사회복지시설에 방문하여 안전진단을 진행한 경험이 있다. 사회복지시설은 비상시를 대비한 안전 매뉴얼이 갖춰져 있다. 매뉴얼의 대부분은 매우 깨끗하게 보존되어 있다. 아무도 보지 않는 것처럼 말이다. 누군가 교육이나 숙지를 위해 펼쳐봤다면 손때가 묻어 있어야 한다. 하지만 누군가 본 자국이 전혀 없다. 매뉴얼만 있을 뿐 현장에서는 작동하지 않는 셈이다.

안전 매뉴얼은 관리자 및 이용자가 평소에 숙지하고 있다가 비상시에 곧바로 행동에 옮길 수 있어야 한다. 비상 상황에서 대피하기도 바쁜데, 어떻게 행동해야 하는지 매뉴얼을 찾아보고 있을 수 없다. 해당 시설에 비치해두어야 한다고 하니 대부분 형식적으로 보관만 하고 있는 것이다. 특히 보육원에는 내 아이들과 비슷한 또래가 많아 더욱 아쉬운 마음이 든다.

내 아이만 아니면 괜찮다고?

인문학 분야 베스트셀러인 이지성의 《생각하는 인문학》에는 우리 사회의 안전의식을 보여주는 일화가 소개되어 있다. 이지성 작가는 초등학교 교사로 재직할 때 학교 앞에서 교통사고로 한 아이가 죽는 모습을 보고 충격을 받았다고 한다. 학교 교통지도가 형식적으로 이루어지고 있다는 것을 통감한 그는 아이들의 안전을 위하여 횡단보도에 신호등을 설치하자고 제안했다. 하지만 경찰서에서 해야 할 일이라며 묵살당했다. 답답한 마음에 경찰서에 전화하니 시청에 떠넘겼다. 다시 시청에 전화하니 경찰서로 떠넘겼다. 그래서 부모들에게 도움을 청했지만 학교에서 해야 할 일이라며 무관심했다고 한다.

우리 사회의 안전의식을 단적으로 보여주는 사례라고 할 수 있다. 내 아이가 그런 사고를 당했다면 그렇게 무관심할 수 있을까? 내 아이가 교통사고로 다치면 그에 대한 원인을 분석하고 더 이상 같은 사고가 일어나지 않도록 학교나 정부기관에 요구할 것이다. 받아들여질 때까지 포기하지 않을 것이다. 세월호로 아이를 잃은 부모들이 그랬던 것처럼 말이다.

우리 아이의 생명이 달렸는데 어떻게 그냥 넘어갈 수 있겠는가? 사고를 당한 아이의 부모와 같은 심정으로 생각해야 한다. 내 아이가 소중한 만큼 다른 아이도 소중하다는 마음을 가져야 우리 사회가 좀 더 안전해지지 않을까?

이지성 작가는 '내 자식만 괜찮다면'이라는 사고방식을 버려야 한다고 말한다. '다른 집 아이가 행복해야 우리 아이도 행복하다'는 사고방식이 필요하다는 것이다. 그의 말에 '행복' 대신 '안전'이란 말을 치환해보았다. '다른 집 아이가 안전해야 우리 아이도 안전하다.'

이제는 시스템을 넘어 안전문화를 만들어야 한다

'빙산의 일각'이라는 말이 있다. 어떤 일이 발생하면 대부분의 실체는 보이지 않고 일부분만 노출된다. 기업의 목적은 여러 가지 있겠지만 가장 중요한 핵심은 이윤의 극대화이다. 현재 내가 근무하고 있는 회사의 CEO는 기업문화를 강조한다. 기업은 이윤을 극대화해야 하고, 이것은 기업문화로부터 나오기 때문이다. 기업의 이윤은 기업문화를 기반으로 한 빙산의 일각이다. 다시 말하면 기업문화라는 바탕이 있어야 이윤이 창출된다.

안전도 마찬가지다. 안전한 삶은 안전문화를 기반으로 한 빙산의 일각이다. 안전문화가 정착되어야만 안전한 삶을 살 수 있다. 사고는 예고 없이 갑자기 나타나는 것이 아니다. 허버트 하인리히의 1 : 29 : 300의 법칙을 적용해보면(p.67 참고), 한 번의 대형 사고가 일어나기 전에 29건의 경미한 사고와 300건의 무상해 사고 징후들이 나타난다.

안전한 삶은 안전문화를 기본으로 이루어진다.

그동안 우리 정부는 사고가 발생해도 정치적 타격을 최소화하기 위하여 사고 원인을 공개하는 것을 꺼려왔다. 이제는 위험에 대해 국민들에게 알리고 대책을 같이 고민해야 한다. 우리는 부모로서 아이들의 안전한 생활을 위하여 학생 안전교육이 잘 진행되고 있는지 관심을 가져야 한다.

실종되어 사라진 아이들

엄마와 함께 등교한 아이, 과자를 사러 나간 아이, 엄마가 장을 보러 간 사이 잠깐 밖에 나갔던 아이, 형을 찾으러 나갔다 길을 잃은 아이, 동네 놀이터에서 놀던 아이……. 우리 주위에서 평범한 일상을 살아가던 아이들이 갑자기 사라졌다. 아이를 잠시라도 잃어버려본 경험이 있는 부모는 아이들이 눈앞에 없는 시간 동안 혹여라도 잘못될까 노심초사하고 불안해했던 마음을 잊지 못할 것이다.

개구리 소년 실종 사건

'개구리 소년'을 기억하는가? 개구리 소년 사건은 '이춘재 연쇄

살인 사건(화성 연쇄살인 사건)', '이형호 유괴 살해 사건'과 함께 우리나라 3대 미제 사건으로 손꼽힌다. 1991년 3월 26일 대구시 달서구에 사는 초등학생 5명이 선거일인 휴일에 도롱뇽 알을 주우러 나간 이후 실종되었다. 당시 노태우 대통령의 특별 지시로 높은 현상금과 대규모의 경찰 인력을 투입했지만 안타깝게도 찾지 못했다.

그로부터 11년 후인 2002년 9월, 대구 와룡산 중턱에서 아이들의 유골과 신발이 발견되었다. 현재는 살인죄에 대한 공소시효가 폐지되었지만 당시 살인죄 공소시효는 15년이었다. 결국 2006년 3월 공소시효가 만료되어 국내 3대 미제 사건으로 남게 되었다. SBS의 〈그것이 알고 싶다〉와 KBS의 〈사건25시〉를 비롯한 방송 보도를 통해 많은 사람들이 개구리 소년 사건을 기억하고 있다.

우리 아이들이 실종되고 있다

사실 우리 아이들은 지금 이 순간에도 실종되고 있다. 〈2018년 경찰통계연보〉에 의하면 한 해 평균 아이 실종 신고는 약 2만 건 정도이다. 경제가 발전하고 미아 찾기 시스템이 개선되었는데도 그 숫자는 줄어들지 않는다. 2018년에는 그중 108명의 아이들을 찾지 못했다.

길거리에서 아이들의 사진이 담긴 전단지를 받아본 적 있는가? 나 또한 간혹 받은 기억이 있다. 하지만 그 내용을 자세히 보거나 그 부모의 입장에서 굳이 생각해보지 않는다. 내 아이가 그런 상황이 아니어서 그냥 지나치는 것이다. 입장을 바꿔서 내 아이가 실종되었다면 어떤 심정일까? 생각하는 것만으로도 마음이 아프다.

아이들이 초등학교 저학년 때까지 나는 퇴근 후 아이 둘을 데리고 일주일에 두세 차례 공원에 나가곤 했다. 직장에 다니느라 평일 낮에는 놀아줄 시간이 없었기 때문이다. 나와 아이들과의 유대 관계를 돈독히 하고, 아이들이 컸을 때 아빠와 함께한 시간을 기억해주길 바라는 마음도 있었다.

공원에서 아이들이 노는 동안 계속해서 아이들을 주시하기는 쉽지 않았다. 스마트폰으로 검색도 하고 전화도 하고 음악도 들으면서, 아이들이 노는 모습을 지켜봤다. 그러다 어느 때는 아이들이 없어져 한참을 찾기도 했다. 그 짧은 순간에도 걱정과 불안을 떨칠 수 없었다. 아이들도 아빠가 안 보이면 매우 불안한 얼굴로 두리번거린다. 그런 일이 있고 나면 한동안 아이는 엄마, 아빠를 확인하는 습관이 생긴다. 아이에게 트라우마가 생기는 것이다.

실종된 아이 부모는 불안하다

오랜 시간 아이를 잃어버린 부모의 마음은 어떠할까? 집 앞에서 잘 놀던 아이가 갑자기 사라졌다. 그 부모는 걱정과 불안을 넘어 가슴이 철렁 내려앉고 눈앞이 캄캄할 것이다. 그리고 아이를 찾아서 이름을 부르며 사방팔방 뛰어다닐 것이다. 다행히 아이를 찾았다면 안도의 한숨을 쉴 수 있다. 하지만 시간이 지나도 아이를 찾지 못한다면 말로 표현할 수 없는 고통과 슬픔에 사로잡히게 된다. 〈아동권리보장원 실종아동전문기관 2018·2019 사업보고서〉를 보면, 그렇게 찾지 못한 아이들이 지금까지(2019년 10월 기준) 우리나라에 684명이나 된다. 결코 적지 않은 숫자다.

아이를 잃어버린 부모들은 생업도 포기하고 아이를 찾는 데 온힘을 기울인다. 그러다 보니 아이를 찾지 못하는 문제뿐 아니라 다른 정신적, 경제적, 신체적 고통을 함께 겪는다. 생업을 포기하다 보니 경제적으로 어려움이 있어 빈곤층으로 전락하는 경우도 있다. 또한 어떤 부모는 정신적 고통을 이기지 못해 자살까지 한다. 부부간의 신뢰도 깨진다. 아이를 잃어버린 책임을 상대에게 전가하는 것이다. 아이에 대한 그리움이 깊을수록 배우자에게 상처를 주게 된다. 결국 실종 아동 가족의 60~70%가 이혼하는 등 가족 해체로 이어진다.

2002년에 개구리 소년의 유해가 발견되면서 국민적 관심을 받았고, 이를 계기로 실종 아동에 대한 법이 제정되었다. 하지만 여전히 실종 전문 수사관이 많이 부족하고, 경찰의 순환보직 제도로 인해 1년 이내의 경력이 많다고 한다.

지금도 실종 아이 부모들은 길거리에서, 인터넷에서, 아이 찾는 일을 계속하고 있다. 우리 모두가 실종 아동에 대한 관심을 가져야 할 필요가 있다. 그것이 우리의 아이일 수도, 우리의 손자일 수도 있기 때문이다.

대한민국에서 아이를 잘 키우려면

대형 사고로 목숨을 잃은 아이들을 보면서 내 아이가 아니라서 다행이라고 생각하는가? 그 사고 현장에 우리 아이가 있었다면 그런 마음이 들겠는가? 사고로 가족을 잃은 경험이 있는 사람은 주기적으로 터지는 대형 사고를 볼 때마다 참담한 심정에 빠질 것이다. 사고로 아이를 잃은 부모는 차라리 그 자리에 자신이 있었으면 하는 바람이다.

우리나라는 단기간에 경제성장을 이루면서 안전문화가 제대로 자리 잡지 못하는 사회가 되었다. 빠르게 성과를 내고 목표를 이루기만 하면 모든 것이 용서되었다. 과거 우리 경제가 압축성장을 한 만큼 미래의 안전의식도 압축성장을 할 수 있을까? 그렇지 않다. 안전문화가 조성되어야 한다. 안전은 습관이 되어야 한다. 안전에 관심을 가져야 한다. 안전은 학습해야 한다. 그렇기에 단시간 내에 완성될 수 없는 것이다.

아이를 안전하게 키우는 5가지 방법

이렇게 위험한 대한민국에서 우리 아이를 어떻게 지켜낼 수 있을까? 아이들을 안전하게 잘 키우는 4가지 방법을 소개한다.

첫째, 아이를 사랑하라.

자기 자식을 사랑한다? 당연한 것 아니냐고 말할 것이다. 자기 자식을 사랑하지 않는 부모가 어디 있겠는가? 아이마다 성격이나 성향, 행동 특성이 모두 다르다. 어떤 아이는 말하지 않아도 공부하지만 어떤 아이는 아무리 잔소리를 해도 듣지 않는다.

우리 첫아이는 횡단보도를 건널 때 "먼저 왼쪽에서 오는 차를 보고, 오른쪽에서 차가 오는지 보면서 가야 돼"라고 하면 본인이 한술 더 떠서 조심한다. 하지만 둘째 아이는 같은 얘기를 하면 "괜찮아. 그냥 건너면 되지"라며 부모를 걱정스럽게 만든다. 우리 아이가 겁이 많은지, 모험심이 많은지, 사회성이 많은지 등 관심을 가지고 지켜보는 것이 사랑이다. 즉 우리 아이를 잘 파악해야 한다.

둘째, 주위를 살펴라.

안전은 위험을 보는 것에서 시작한다. 우리 집에는 위험 요소가 무엇이 있는지, 등·하교 시 아이들에게 위협이 되는 것은 없는지, 학교는 안전시설이 적절하게 설치되었고 안전교육은 적정하게 운영되는지, 아이들 현장학습 공간의 안전시설은 어떠한지, 동네 놀이터에 안전 매트 및 안전장치가 설치되어 있는지 등 우리 주위를 살펴보자.

일하기 바쁘고 매일 늦게 퇴근하느라 아이들과 놀아줄 시간도 부족한데 주위를 돌아볼 여유가 어디 있냐고 말할 것인가? 우리 아이의 생명과 안전이 달린 일인데도 말이다. 우리 아이의 생활 공간을 천천히 들여다보자. 그러면 전에는 지나쳤던 위험들이 보일 것이다.

셋째, 부모가 안전전문가가 되어라.

우리는 후진국형 대형 재난이 주기적으로 발생하는 나라에 살고 있다. 사고 이후에는 각종 방송에서 '법이 제대로 갖춰지지 않았다', '관리가 이루어지지 않는다', '안전문화가 없다' 등 비난 여론이 벌떼처럼 들끓는다. 하지만 시간이 지나면 언제 그랬냐는 듯 열정적이었던 관심이 금세 사그라든다.

정부가 국민의 안전을 위해 할 수 있는 일은 법에서 정해놓은 범위 내에서 가능하다. 또한 법 테두리 안에 있는 안전규정만으로는 국민의 안전과 아이들의 생명을 완벽하게 보호할 수 없다. 아무리 완벽한 법이라 해도 이를 받치고 있는 시스템이 작동하지 않는다면 무용지물이다.

예를 들어 안전점검 기준이 법으로 정해져 있어도 서류상의 점검표 작성으로 안전점검을 대체한다. 여객선은 취항 전 안전점검을 하도록 규정하고 있지만 형식적인 점검에 그칠 뿐이다.

그렇다면 지금까지 그래 왔듯이 언제 어떤 사고를 만날지 모른 채 불안한 일상을 보낼 것인가? 그저 나와 내 가족이 아니길 바라는 요행만 믿고 손 놓고 있을 것인가? 사실 조금의 관심과 노력만으로도 우리는 일상의 위험에서 자신과 가족을 지킬 수 있다.

부모가 위험관리 전문가가 되는 것은 어떨까? 거창하게 안전 관련 논문을 분석하자는 것이 아니다. 우리 주위에는 생각보다 많은 안전 관련 정보가 넘쳐난다. 정부 관련 홈페이지도 있으며, 무료로 안전교육을 실시하는 기관도 많다. 행정안전부에서 운영하는 국민안전교육(http://kasem.safekorea.go.kr/) 홈페이지에 들어가면 우리 집 근처 교육 장소를 확인할 수 있다. 조금만 시간을 내면 안전체험관에 아이들과 함께 가서 체험 교육을 받을 수도 있다.

넷째, 아이와 함께 위험을 공유하라.

이제 우리 아이의 주위에 어떤 위험이 있는지 인지했다면 아이들에게 무엇이 위험한지, 안전을 위해 어떻게 행동해야 하는지를 알아야 한다. 아이들도 위험한 상황을 좋아하지 않는다. 하지만 아직 위험을 느끼는 감각이 어른들에 비해 발달하지 않았다. 아이들과 위험에 대하여 차근차근 이야기하다 보면 아이들도 자신의 안전을 위해 기꺼이 부모와 함께할 것이다.

다섯째, 아이의 행동을 칭찬하라.

육아전문가는 아이를 잘 키우는 방법으로 아이에게 칭찬을 아끼지 말라고 한다. '칭찬은 고래도 춤추게 한다'는 책 제목처럼 아이만이 아니라 누구든 칭찬은 기분을 좋게 하고 동기부여가 된다. 아이가 대단한 행동을 했을 때 칭찬하자는 말이 아니다. 일상에서 사소한 행동을 했을 때도 칭찬해주자. 집에서 뛰지 않아도 칭찬하고, 물건을 제자리에 놓아도 칭찬한다. 횡단보도에서 초록불에 건널 때도 칭찬하면 된다.

소아청소년클리닉의 오은영 원장은 "행복한 아이들로 키우려면 아이들을 잘 관찰해야 한다"라고 말한다. 우리 아이가 어떤 부분에 취약한지 파악하고 그 부분을 채우는 것을 도와주어야 한다. 아이들의 안전을 위해서도 마찬가지다. 아이들을 안전하게 키우려면 잘 관찰해야 한다. 아이의 주위를 잘 살펴서 무엇이 위험한지 알아내고, 그 위험한 부분을 안전한 공간으로 바꿀 수 있어야 한다. 그리고 안전한 행동에 대해 아이들과 수시로 이야기해야 한다.

해외 학교의 안전교육은 어떻게 이루어지는가?

미국 학교의 안전교육

미국은 우리나라와 달리 읽기, 쓰기, 셈하기보다는 안전교육의 중요성을 강조한다. 우리나라는 특별한 경우를 제외하고는 총기를 소유할 수 없다. 하지만 미국은 총기 소지가 자유롭다. 특히 1999년 콜럼바인 고등학교와 2007년 버지니아 공과대학, 2012년 샌디훅 초등학교에서 일어난 총기 난사 사건으로 많은 학생들이 희생되었다. 미국은 국가 차원에서 학생을 보호하기 위한 노력을 하고 있다.

미국은 50개의 주로 이루어져 있으며, 각 주마다 별도의 법을 제정해서 안전교육을 실시한다. 안전교육을 법령으로 의무화하는 주가 있는 반면 개별 학교구에 책임과 권한을 위임하는 주도 있다. 안전교육은 학교와 지역 특색에 맞게 이루어지는 것이다. 예를 들어 지진이 잦은 서부 캘리포니아주는 지진 대피 훈련을 중점적으로 하며, 허리케인이 많이 발생하는 중남부 지방은 태풍에 대한 행동 요령 교육에 집중한다. 50개 주 가운데 버지니아주의 학교 안전교육 시스템을 소개한다.

학교 보안

총기 사고가 자주 일어나는 미국의 학교는 보안이 매우 철저하다. 학교 수업 시간에는 교문을 잠그고 외부인이 학교에 출입하는 것을 금지한다. 학부모라도 학교를 방문하면 교무실에서 반드시 신원을 확인해야 출입할 수 있다. 또한 전일제 경찰이나 시간제 경찰을 학교에 배치하는 경우도 많다. 일부 학교는 CCTV나 금속탐지기를 설치하여 학교 내의 총기 반입을 철저히 통제한다.

화재 안전교육

화재 훈련은 해당 연도 매 학기에 시작한다. 20일 이내에 매주 1회 실시하고, 20일이 지나면 매월 1회 화재 훈련을 하도록 명시한다. 이것은 반복적인 화재 훈련으로 완전히 몸에 익히는 조치라고 볼 수 있다. 따라서 화재가 발생하면 학생은 교사와 직원의 인솔에 따라 안전한 경로로 대피하는 행동 요령을 숙지하고 있다.

초등학교부터 중·고등학교까지 반복적인 훈련을 지속하므로 학생들은 화재 훈련과 지식이 몸에 배어 있다. 10분 이내에 안전한 곳으로 대피하는 훈련을 하는 데는 많은 시간이 소요되지 않는다. 다른 어떤 과목보다 중요한 것이 안전교육인 만큼 교장은 무조건 안전교육 시간부터 확보해야 한다.

토네이도 대비 교육

우리나라에서는 '용오름'이라고 하는 토네이도가 자주 발생하지 않는다. 하지만 미국에서는 연 1,000회 발생하여 많은 피해를 준다. 토네이도는 강력한 저기압 주위에 강한 바람이 불어 원기둥 모양으로 소용돌이치는 현상을 말한다. 버지니아주에서는 토네이도에 대한 훈련을 연 1회 이상 실시하고 있다.

교통 안전교육

초등학교에서는 교통 안전교육을 매우 중요하게 여긴다. 안전 상황이 다른 각각의 장소에 따라 그에 맞는 안전교육을 실시한다. 특히 통학 버스에서 위급한 상황이 발생했을 때를 대비한 대피 교육은 학기 시작 후 90일 이내에 실시하도록 규정되어 있다.

일본 학교의 안전교육

일본은 지리적 특성상 지진, 태풍과 같은 자연재해가 빈번하다. 특히 1995년 고베 대지진, 2011년 동일본대지진이 발생함에 따라 자연재해에 대한 대처와 안전교육이 매우 잘 갖추어져 있다. 일본의 「학교보건안전법」은 학교 안전 계획, 작성, 실시, 대처 요령 작성 등 학교 안전에 대한 공통적인 사항에 대하여 규정하고 있다.

재난 대비 훈련은 정부가 주도하는 것이 아니다. 정부는 가이드라인만 제시한다. 각 지역의 학교 상황에 따라 〈학교 안전 매뉴얼〉을 작성한다. 이는 2011년 당시 동일한 〈학교 재난 대비 매뉴얼〉에 따른 훈련이 도움이 되지 못했다는 분석을 적용한 것이다. 각 지역과 학교의 위치에 따라 재난 유형이 달라지기 때문이다. 예를 들어 미야기현이나 치바현의 경우 태평양을 마주하고 있다. 학교의 위치가 해안가라면 지진에 의한 쓰나미에 대처하는 것이 더 중요하다. 미야기현의 학교 안전 매뉴얼을 소개한다.

재해 상황과 상세한 대응 방안 제시

미야기현은 재해 안전, 교통 안전, 생활 안전 등 학교 안전 3대 영역에 대한 관리 방안을 제시한다. 생활 안전은 수업 시간, 특별활동 시간, 휴식 시간, 청소 시간 등 9개로 구분한다. 가정생활은 화재, 어린이 사고로 구분하며, 범죄 예방은 등·하교 안전, 인터넷, 성범죄, 음주, 흡연 등이다. 유치원, 초등학교, 중학교, 고등학교별 재해 상황에 대한 상세한 제시와 행동 요령을 명시하고 있다.

영국 학교의 안전교육

영국의 학교 안전교육 활동은 「근로현장내보건및안전법」에 의한 의무 사항이다. 즉 공장이나 건설 현장처럼 학교장이 학생과 교직원에 대한 안전과 보건을 책임질 의무가 있다. 따라서 학교장은 학교 내에서 일어난 안전사고를 기록하고, 교내 안전점검을 실시해야 한다.

교직원은 아이들을 지도하면서 위험한 상황이 발견되면 즉시 학교장에게 보고해 조치를 취해야 한다. 그리고 교사에게는 학생의 안전에 대해 아이의 부모와 같은 안전 의무가 주어진다. 교사에게는 보건과 안전에 대한 교육을 의무적으로 받아야 한다. 그만큼 아이들의 안전을 최우선시하는 것이다.

현장 체험 시 위험성 평가

영국은 학생들의 다양한 욕구와 효율적인 교육 프로그램을 위하여 현장학습을 중요한 요소로 간주한다. 현장학습이란 수학여행, 박물관 방문, 야외 소풍 등 도전적이고 모험적인 야외활동을 포함한다.

이런 야외활동 전에는 아이들이 크게 다치거나 사망할 수 있는 위험 요인을 발굴하기 위한 위험성 평가를 해야 한다. 매번 같은 장소의 야외활동인 경우에는 위험성 평가를 수행하지 않을 수 있다. 하지만 처음 시도하거나 오랜만에 하는 경우에는 사전에 위험 요인을 발굴하고, 아이들이 다치지 않게 안전대책을 마련해야 한다.

위험성 평가에서 위험도는 사고 발생 확률에 사고 심도를 곱해서 정량적으로 구한다(위험도 = 사고 발생 확률 × 사고 심도). 여기서 사고 발생 확률이 '매우 낮음'은 1점이며, 사고가 '확실시되면' 5점이다. 즉 1~5점 범위 내에서 정량적으로 평가한다. 사고 심도는 피해가 대수롭지 않은 경우부터 심각한 단계까지 1~5점으로 정량화한다. 위험도 16~25점이면 매우 위험한 상황으로 즉시 야외활동을 중지해야 한다. 교사는 모든 위험도를 5점 이하로 낮추기 위해 다양한 안전대책을 강구해야 한다.

농장 견학을 할 때 발생할 수 있는 위험은 기생충 감염, 동물성 감염증, 동물에게 물리는 것, 3가지라고 가정했을 때 위험성 평가 결과는 다음과 같다.

농장에서 발생할 수 있는 위험 중 동물성 감염증과 동물에게

| 현장 체험 시 위험성 평가 |

위험 요인	사고 발생 확률 … ①	사고 심도 … ②	위험도 (①×②)	위험성 평가
기생충 감염	3	4	7	안전 대책
동물성 감염증	1	5	5	양호
동물에게 물림	2	2	4	양호

물리는 것은 5점 이하이므로 비교적 덜 위험하다. 하지만 기생충 감염은 5점을 초과하여 안전대책을 강구해야 한다. 예를 들어 기생충 감염 예방약을 복용한다든지, 기생충 감염 위험이 있는 동물은 관람하지 않는 것이다.

글로벌 기업은 대형 참사에 어떻게 대처하는가?

재난이 발생했을 때 가장 중요한 것이 현장 대응이다. 현장 대응에 따라 생존 가능성과 피해 정도가 결정된다. 세월호 사고에서도 알 수 있듯이 선장과 선원들이 적합한 안전교육과 훈련을 받고 현장에서 적절하게 대처했다면 사망자가 거의 발생하지 않았을 것이다. 재난 시 현장 관리자의 현명한 대처로 인명 피해를 최소화한 미국의 사례를 살펴보자.

9·11테러 당시 모건스탠리 보안책임자

2001년에 일어난 9·11테러는 납치된 항공기 2대가 뉴욕의 세계무역센터(World Trade Center)에 충돌한 사건이다. 당시 투자 회사 모건스탠리는 세계무역센터 타워2의 50개 층을 임차하고 있었다. 당시 사고로 고인이 된 모건스탠리의 보안책임자 릭 리스콜라는 많은 사람들을 구출한 9·11테러의 영웅이다.

그는 1988년 12월 21일 런던 히스로 공항에서 출발하여 뉴욕으로 향하던 팬암 항공기가 상공에서 폭발한 사건을 보고 자신이 근무하는 세계무역센터도 안전하지 않다고 생각했다. 이후 1993년 세계무역센터에서 폭탄 테러가 발생했다. 그 사건 자체는 미수에 그쳤으나 7명이 사망하고 수천 명이 부상당했다. 세계무역센터가 테러의 표적이 될 수 있다고 판단한 리스콜라는 사무실을 뉴저지로 이전할 것을 주장했다. 하지만 2006년까지 임차 계약이 되어 있어 이전할 수 없었다. 그 대신 사고에 대비한 교육과 재난 대비 훈련을 철저히 시행했다.

한창 일하고 있을 때 화재 대피 훈련이나 민방위 훈련을 해야 한다면 기분 좋을 리 있겠는가? 아마도 대부분은 귀찮아하거나 다른 할 일이 많다며 불만을 토로할 것이다. 당시 모건스탠리의 직원과 간부들도 같은 생각이었다. 그는 테러나 사고는 언제 일어날지 모르기 때문에 평상시 훈련을 해야 한다고 생각했다.

릭 리스콜라는 예고 없이 불시에 비상벨을 울려 화재 대피 훈련을 실시했다. 사고는 미리 예고하고 일어나는 것이 아니기 때문이다. 모건스탠리는 하루에도 몇백만 달러의 금융거래가 이루어지는 곳이므로 고위 간부들은 훈련으로 인해 업무에 지장이 있다고 불만을 표출했다. 하지만 릭 리스콜라의 신념은 확고했다.

9·11테러 당일 첫 번째 항공기가 타워1에 충돌했다. 이후 미국 당국은 건물 내에서 대기하라는 명령을 내렸다. 하지만 릭 리스콜라는 매뉴얼에 따라 훈련했던 것을 토대로 즉각적인 대피 명령을 내렸다. 자신은 각 층을 돌아다니며 확성기로 대피하라고 소리쳤다.

17분 후 두 번째 항공기가 타워2를 향해 돌진했다. 건물 내는 아수라장이 되었고 공포감을 느낀 사람들은 우왕좌왕했다. 하지만 대부분의 모건스탠리 직원과 방문자들은 안전하게 대피할 수 있었다. 릭 리스콜라는 혹시 대피하지 못한 사람들을 찾기 위해 다시 건물 내로 진입했으나 이후 건물이 무너지면서 빠져나오지 못하고 사망했다. 2,500여 명 대부분의 모건스탠리 직원과 방문객 250여 명의 생명을 구한 이후였다.

9·11테러 이후 세계무역센터에 상주하던 대부분의 회사들은 업무 차질이 불가피했으나 모건스탠리는 24시간 후 정상적인 업무가 가능했다. 이는 비즈니스 상시운영 체계인 BCP(Business Continuity Planning)를 구축해두었기 때문이다. 이와 같이 초유의 재난 상황에서도 한 사람의 리더십에 따라 수많은 인명 피해를 줄일

수 있을 뿐 아니라 재빨리 업무에 복귀할 수도 있다.

허드슨강의 기적

2016년 9월에 개봉한 영화 〈설리 : 허드슨강의 기적〉은 실화를 바탕으로 제작된 것이다. 실존 인물인 항공기 기장 체슬리 버넷 설렌버거(Chesley Burnett Sullenberger)는 공군 전투기 조종사 출신으로 비행 경력 42년, 1만 9,663시간의 베테랑 조종사였다.

2009년 1월 15일, 여느 때와 마찬가지로 US에어 소속의 1549편 여객기가 뉴욕 라구아디아 국제공항에서 이륙하여 노스캐롤라이나주 샬럿으로 향할 예정이었다. 하지만 이륙 후 2분 만에 새떼와 충돌하며 양쪽 엔진에 손상을 입었다.

항공기는 일단 사고가 발생하면 피해 정도가 심각하기 때문에 페일 세이프(fail safe) 개념으로 설계되어 있다. 페일 세이프란 어떤 한 부분이 고장 나면 다른 부분에서 대체 작동하도록 안전을 확보하는 개념이다. 이중 안전장치라고 볼 수 있다.

항공기는 2개의 쌍발 엔진을 가지고 있다. 한쪽 엔진에서 문제가 발생하면 다른 쪽 날개에 있는 엔진으로도 비행이 가능하도록 설계되었다. 하지만 설렌버거 기장이 조종하던 항공기는 새떼에 의해 양쪽 엔진이 모두 멈췄다. 이런 경우는 흔한 일이 아니다. 다시 말하면 추락이 불가피한 매우 심각한 상황이다.

이륙했던 뉴욕 라구아디아 공항으로 회항할 수 없게 되자 더 가까운 뉴저지 테터보로 공항으로 착륙을 시도했다. 하지만 항공기의 고도가 너무 낮아 어디에도 착륙할 수 없게 되자, 설렌버거는 인근 허드슨강으로 비상 착륙을 선택한다. 그때까지 강이나 바다와 같은 수면 위 착륙은 항공기가 상용화된 이후로 한 번도 성공한 적이 없었다. 그는 침착하게 항공기 머리 부분을 최대한 올려 꼬리 부분부터 착륙을 시도해 허드슨강에 무사히 내려앉았다.

무사히 착륙하자 이번에는 기내에 물이 들어오기 시작했다. 항공기가 물속에 가라앉을 상황이었다. 설렌버거는 승객들을 기내 밖으로 긴급히 대피시켰다. 항공기의 최고책임자인 기장은 승객이 모두 비행기에서 내린 것을 확인한 후 마지막으로 빠져나왔다.

모건스탠리의 보안책임자였던 릭 리스콜라는 자신의 신념에 따라 평소에 안전 훈련을 실행했기에 재난 사건이 일어나자마자 몸에 밴 습관에 따라 많은 인명을 구할 수 있었다. 항공기 기장 설렌버거 또한 순간적인 판단으로 많은 승객을 구했다. 하지만 설렌버거가 과연 순간적인 감으로 그런 결정을 내렸을까? 그렇지 않을 것이다. 42년간의 수많은 경험과 위험 상황에 대비한 훈련이 있었을 것이라고 확신한다. 두 인물은 세월호 사고 당시에 승객들을 배에 두고 가장 먼저 탈출한 이준석 선장과 극명한 대조를 이룬다.

위험을 인식하는 것이 안전관리의 시작이다

2012년 개봉한 〈건축학개론〉은 내가 좋아하는 영화 중 하나다. 당시 유행했던 음악이 흘러나오면 마치 대학 시절로 돌아간 것 같았고, 건축을 전공하지는 않았지만 건축학개론 수업을 수강했던 기억이 떠오른다.

영화에서 건축학개론 첫 수업에서 교수는 자신이 사는 동네를 여행하라는 리포트를 내준다. 평소에 무심코 지나쳤던 동네 골목길과 건물들을 자세히 관찰하고 사진으로 남기라고 한다. "자기가 살고 있는 곳에 대해 애정을 가지고 이해하는 것, 그것이 바로 건축학개론의 시작이다."

안전도 마찬가지다. 주위를 둘러보는 것이 안전의 시작이다.

아이들이 사는 우리 집, 등·하굣길, 학교, 학원, 산책길, 주말에 장을 보는 쇼핑몰 등을 관찰하는 것이다. 집에 들어와 손발을 씻을 때 욕실 바닥에 물기가 있으면 넘어질 수 있다. 늘 가스레인지를 이용하는 부엌에서는 화재의 위험성이 있다. 아이들이 책장을 밟고 올라가다 넘어질 수도 있다. 등·하굣길에는 교통사고의 위험이 있으며, 낯선 사람에 의한 유괴 가능성도 있다. 생명과 안전을 위협할 수 있는 가능성은 우리 주위의 도처에 깔려 있다.

사고는 항상 위험을 예고한다

2019년 9월 충남 아산의 한 스쿨존 내에서 9세의 민식이가 차에 치어 사망한 사고가 있었다. 그렇다면 스쿨존 내에서 민식이만 사고를 당한 것일까? 도로교통공단에서 작성한 〈교통사고 통계분석〉(2019년판)을 보면 2014년부터 2018년까지 5년간 스쿨존 내에서 사망한 어린이는 31명이었고, 다친 어린이는 2,581명이었다.

죽거나 다친 어린이뿐만 아니라 갑자기 도로로 뛰어나가다 차에 부딪칠 뻔한 어린이들은 훨씬 더 많다. 스쿨존 내에 주차되어 있던 차량 근처에서 놀다가 갑자기 차량이 움직여서 아슬아슬하게 피하는 경우도 있다. 이러한 사고는 실제로 죽거나 다치지 않아 통계에는 포함되지 않는다. 이를 '무상해 사고' 또는 '아차 사고'라고 하는데, 사고의 징후라고 할 수 있다.

무상해 사고란 다치지는 않았지만 일어날 뻔한 경우를 말한다. 이러한 무상해 사고(사고의 징후)는 대략 1만 건 이상 발생했을 것으로 추정된다. 다시 말하면 31명의 어린이가 스쿨존에서 갑작스러운 사고로 사망한 것이 아니다. 31명의 사망자 뒤에는 2,581명의 부상자와 1만 건 이상의 무상해 사고가 있었다. 이렇게 하나의 큰 사고가 일어나기 전에 여러 건의 징후가 있다는 것이 하인리히 법칙이다.

하인리히 법칙은 1 : 29 : 300 법칙이라고도 한다. 허버트 하인리히(Herbert William Heinrich, 1886~1962)는 1920년대 미국 트래블러스 보험사(Travelers Insurance Company)의 엔지니어링 및 검사부서에서

| 하인리히 법칙(1:29:300 법칙) |

않은 사고)가 있다는 것이다.

지난 5년간(2014~2018년) 스쿨존 내에서 31명의 아이들이 사망했고, 부상을 입은 아이는 2,581명이었다. 부상을 입은 아이 중 일부는 중상을 입었을 것이며, 다른 일부는 찰과상을 비롯한 경상이었을 것이다. 부상을 입은 2,581명 중 2%인 56명이 중상을 입었고, 나머지 98%인 2,525명이 경상을 입은 것으로 가정해보자. 그러면 사망(31명) 및 중상(56명)은 총 87명이 된다.

이 경우 경상 및 무상해 사고는 몇 건이나 일어났을까? 하인리히 법칙에 따라 1 : 29 : 300의 비율을 적용하면 아래 표와 같이 경상은 2,523건, 무상해 사고는 2만 6,100건이 된다. 지난 5년간 무상해 사고, 즉 아이들이 전혀 다치지 않았지만 사고가 날 뻔한 사건이 2만 6,100건 일어났음을 알 수 있다. 무상해 사고 2만 6,100건을 분석해서 잘 대처했다면 민식이와 같은 사고를 막을 수 있었다는 의미다. 무상해 사고 역시 아이를 잃은 부모를 생각한다면 결코 무시해서는 안 된다.

| 스쿨존 내에서의 1 : 29 : 300 법칙 |

구분	사망 또는 중상	경상	무상해 사고
하인리히 법칙	1	29	300
최근 5년간 인명 피해 비율	87	2,523	26,100

이제는 위험을 인식하고 대처해야 한다

위험을 인지했다고 해서 위험 요인을 완전히 제거할 수 있을까? 위험하다고 아이들 놀이터에서 놀이기구를 없앨 수 있을까? 주방에서는 가스레인지가 화재 위험성이 있으니 치워버려야 하는가?

이렇듯 위험을 제거하기는 쉽지 않다. 위험 자체를 제거하면 편리성이나 유용성도 누릴 수 없다. 아무런 위험 없이 살아갈 수는 없다. 여기서는 신체적인 위험뿐 아니라 경제적, 사회적 위험까지 포함한다. 위험을 완전히 제거할 수 없기에 아이들이 적절히 대처할 수 있도록 안전교육을 해야 한다.

아이들에게 어떤 위험이 있는지 어떻게 알 수 있을까? 하인리히 법칙을 생각해보자. 1건의 사망이나 중상 사고 뒤에는 29건의 경상과 300건의 아차 사고가 있었다. 300건의 아차 사고를 파악해야 한다.

첫째, 안전에 대해 아이와 대화를 나눈다.

부모가 아이와 24시간 붙어 있어도 아이가 다치는 것을 막을 수 없다. 수많은 어린이 사고는 부모가 옆에 없을 때 일어난 것이 아니다. 아이가 말을 할 수 있는 나이라면 위험에 처했던 상황에 대해 자주 대화를 나눠야 한다.

경험이 적은 아이들은 그것이 위험한 상황이라는 것을 모른다. 아이와 이런저런 이야기를 나누다 보면 어떤 위험한 상황이 있는지 파악할 수 있다. 아이와 대화하는 중에 반복적으로 나오는 위험 상황은 아차 사고라고 판단해야 한다.

둘째, 아이의 시선으로 주위를 살핀다.

아차 사고를 알기 위해서는 아이와 대화를 나누는 것이 중요하다. 하지만 아이가 아직 어려 대화할 수 없는 경우도 있다. 그리고 다칠 수 있는 위험한 상황을 부끄럽게 생각하여 이야기하지 않는 아이도 있다. 특히 부모가 대화 중에 아이를 비난하는 말을 많이 한다면 아이는 더더욱 털어놓지 않는다. 부모는 아이의 시선으로 주위를 바라볼 필요가 있다. 아이의 눈높이에서 위험이 보이기 시작한다. 문손잡이조차 아이의 눈이나 이마를 다치게 하는 장치가 될 수 있다.

셋째, 아이를 이해한다.

아이는 어른보다 에너지가 넘친다. 그래서 잠시도 가만있지 못한다. 집 안을 쉴 새 없이 뛰어다니고 장롱에 숨기를 좋아한다. 어른들처럼 배려심도 없다. 청소를 위한 효도의자는 평창올림픽에서 금메달을 딴 윤성빈 선수를 흉내 내는 스켈레톤(썰매)이 된다. 아이의 이런 행동들이 바로 아차 사고의 원인이 된다.

아이를 자세히 관찰하고 위험 상황을 모아보면 공통적인 위험 요소를 파악할 수 있다. 위험의 원인을 파악하고 나면 그에 맞는 안전장치도 마련해야 한다. 침대나 소파에서 방방 뛰다가 떨어졌다면 그 밑에 안전 매트를 깔거나 안전한 실내놀이터에서 놀 수 있는 기회를 많이 제공해야 한다. 문손잡이가 아이의 이마나 머리를 찧을 수 있다면 쿠션이 있는 보호장치를 설치해야 한다.

얼마나 안전해야 안심할 수 있는가?

위험을 받아들이는 사람은 2가지 유형으로 나뉜다. 첫째는 너무 민감하게 받아들이는 사람들이고, 둘째는 둔감한 사람들이다. 두 부류 모두 문제가 있다. 위험에 민감한 사람들은 일상생활에도 지장을 줄 수 있다. 예를 들어 추락 사고가 날까 봐 비행기를 타지 않는다. 비행기 대신 자동차나 배 같은 다른 교통수단을 이용하면 목적지까지 가는 데 많은 시간이 소요된다. 감염병이나 잘 알려지지 않은 위험은 더욱 꺼린다.

반면 위험에 둔감한 사람들은 자신에게 해를 끼치는 것보다 편리함을 선택한다. 흡연자에게 금연을 권고하면 담배를 피우면서도 장수하는 사람들과 비교한다. 위험 상황을 파악하지 못하고 자신에게 유리한 방향으로 해석하는 경향이 있는 것이다. 이는 정상성 편향과 같은 맥락이라 할 수 있다.

전문가들은 이러한 위험을 확률로 바라본다. 사람이 벼락에 맞아 죽을 확률이라든가, 비행기 사고는 교통사고에 비해 얼마나 위험한지 절대적인 수치로 나타낸다.

부모는 위험을 어떻게 생각할까? 사고가 전혀 없어야 한다고 생각한다. 아이가 위험이 없는 세상에서 살기를 희망하는 부모의 마음이다. 사고 확률과 평균에 관계없이 나와 우리 아이에게는 위험이 없어야 한다고 생각한다.

제로 위험, 즉 위험이 전혀 없기란 불가능하다. 주변을 보면 자동차, 불로 조리하는 음식, 물놀이장 등 위험이 도처에 널려 있다. 그렇다면 과연 '얼마나 안전해야 하는가?'라는 질문을 해볼 수 있다. 철도역사, 공항, 백화점과 같은 대형 건물에 대한 피난안전성평가를 한 후에 안전성이 확보되어야 관공서로부터 건축 허가가 난다. 그렇다면 피난안전성평가를 수행하는 과정에 대해 살펴보자.

허용 가능한 피난 시간

우리는 주변에 널린 화학물질과 같이 산다고 해도 과언이 아니다. 아이들은 아침에 일어나면 치약으로 이를 닦고, 비누로 세수를 한다. 학교를 가기 위해 현관을 나설 때는 디퓨저의 인공 향이 코를 자극한다. 가방에는 화학처리된 종이와 잉크로 인쇄된 책이 있다. 매일은 아니지만 간혹 학교 가는 중에 합성착향료가 들어간 음료와 과자를 산다.

겨울철과 봄철에는 미세먼지 속에서 등교를 하는 날도 많다. 학교가 끝나면 태권도 도장으로 향한다. 태권도 도장은 바닥에 화학물질로 된 부상 방지용 부드러운 매트가 깔려 있다. 우리 집 둘째 아이의 일상적인 하루다.

이렇게 우리 아이들은 화학물질과 떼려야 뗄 수 없는 사이가 되었다. 각 제품에 들어 있는 화학물질은 이름도 너무 어려워 기억도 나지 않는다. 간혹 뉴스에서 허용치 수십 배의 화학물질이 들어간 제품을 보도하면 우리 아이가 사용하는 제품인지부터 확인한다.

그렇다면 각각의 허용치 이하로 들어 있는 화학제품은 괜찮은 것인가? 전문가에 의하면 이 또한 사람마다 다르다고 한다. 성장이 멈춘 성인과 면역력이 좋은 사람들에게는 큰 문제가 되지 않지만, 어떤 사람에게는 건강에 치명적인 영향을 줄 수도 있다. 아이들은 특히 자라는 과정이기에 더욱 걱정이 된다. 그럼 법에서 규정한 제품에 들어가는 화학물질의 허용 농도는 믿어도 될까?

화재가 발생하면 주위의 책장, 침대, 책 등과 같은 가연성 물질이 타면서 유독가스가 발생한다. 소방 엔지니어들은 이렇게 연소된 여러 성분을 분석해서 사람이 견딜 수 있는 농도를 구한다. 성인의 경우 호흡선의 높이인 바닥으로부터 1.8m 위치에서 허용 농도를 구한다.

열의 경우에는 60℃까지 버틸 수 있다. 화재에 의한 연기로 앞이 보이지 않는 상황에서 가시거리가 최소 5m 이상은 확보되어야 한다. 독성의 경우 일산화탄소(CO)는 1,400ppm 이하, 산소(O_2)는 15% 이상, 이산화탄소(CO_2)는 5% 이하여야 한다.

다시 말하면 1.8m 높이에서 열, 가시거리, CO, O_2, CO_2 농도가 기준치 이하여야 안전하다. 반대로 이야기하면 그 농도가 되기 전에 피난이 완료되어야 한다. 이렇게 허용 가능한 시간을 ASET(Available Safe Egress Time)이라고 한다.

실제피난시간

화재가 발생했을 때 허용 가능한 시간 이전에 피난이 완료되어야 안전하다. 실제로 피난하는 데 걸리는 시간을 필요피난시간(RSET, Required Safe Egress Time)이라고 한다. 학교 교실에서 안전한 운동장까지 안전하게 피난한다고 가정해보자.

화재를 감지하는 데 걸리는 시간을 감지시간이라고 한다. 교실 내의 화재감지기가 비상벨을 울리기 전에 화재를 발견한다면 이 시간은 짧아질 것이다. 화재감지기에서 비상벨이 울리는 데 걸리는 시간을 통보시간이라고 한다. 비상벨이 고장 났다면 이 시간은 길어질 수 있다. 비상벨이 울렸다면 아이들은 화재를 인지(인지시간)할 것이다. 그리고 피난이라는 행동을 결정하는 시간을 반응시간이라고 한다.

실제 피난에 앞서 짝꿍에게 피난 여부를 알리는 등의 피난 전 행동시간이 있다. 평소 피난·대피 훈련을 꾸준히 했다면 피난 전 행동시간을 줄일 수 있다. 그리고 교실을 걸어 나와 복도를 거쳐 계단을 내려온 후 안전한 운동장까지 가는 시간을 피난행동시간이라고 한다. 다시 정리하면 필요한 피난시간은 감지시간, 통보시간, 인지시간, 반응시간, 피난 전 행동시간 그리고 피난행동시간을 모두 합한 것이다.

피난안전성평가

우리는 피난안전성평가를 하면서 허용 가능한 피난 시간이 실제 피난시간보다 길어야 안전하다고 평가한다. 위험한 수준에 도달하기 전에 피난이 완료되어야 하기 때문이다. 그렇다면 이러한 피난안전성평가는 정말 안전을 담보할까?

위험 정도는 장소와 상황에 따라 매우 다르다. 그날의 온도나 바람 등 기후의 영향도 있다. 아이들 각자의 위치나 선생님의 부재 여부도 안전성에 상당한 영향을 미친다. 대피 훈련이 잘된 아이들은 피난시간을 줄일 수 있지만 학교에 갓 입학한 1학년생들은 이동시간이 꽤 걸릴 수도 있다. 따라서 전문가로부터 안전하다는 평가를 받더라도 실제 상황에서는 아닐 수 있다.

우리는 1~10 중 '5만큼 안전해'라고 정량적으로 위험을 평가할 수 있다. 하지만 이러한 수치로는 안전하다고 할 수 없다. 우리 아이의 안전을 위해 주위를 살피고 위험하다고 느끼는 부분은 계속 바꿔나가도록 요구해야 한다.

| 피난안전성평가 모델 |

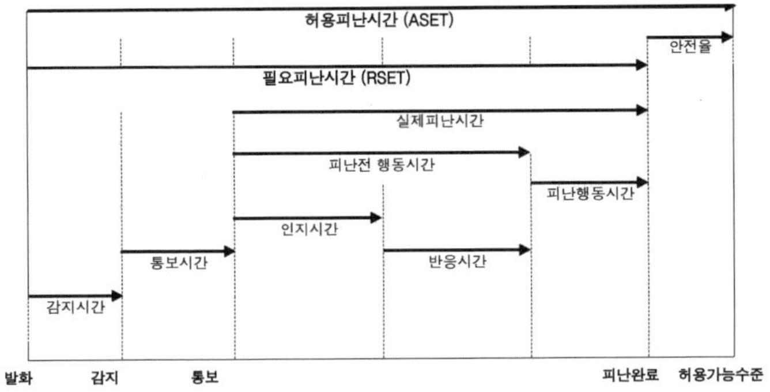

2장

WARNING

아이가 생활하는 우리 집과 학교는 안전한가?

재난 대피 훈련과 위험 대비 교육은 실제 효과가 있는가?

연습은 실전처럼, 실전은 연습처럼

아마도 군대에서 나온 말인 듯싶다. 연습에서는 실제 적과 마주치지 않아 긴장감이 떨어질 테니 평소에도 긴장하고 연습해야 실제 상황에서 효과를 발휘한다는 의미다. 반대로 실전에서는 긴장하게 마련이니 연습하듯이 힘을 빼야 좋은 결과가 나온다.

누구든 교육이나 훈련 없이는 갑작스러운 위험 상황에 대처하기란 쉽지 않다. 물론 생존 본능에 의해 자동으로 몸이 움직이는 경우도 있다. 하지만 재난 대처에서 본능에만 의존한다면 생존율은 매우 떨어진다.

아기는 태어나서 4~5개월이 지나면 뒤집기를 시도한다. 뒤집기를 수십 번, 수백 번 시도하다가 한 번 성공하면 이후에는 수월하게 뒤집기를 할 수 있다. 그러다 12개월 전후가 되면 첫걸음을 뗀다. 뒤집기를 할 때와 마찬가지로 수십, 수백 번 시도한 끝에 겨우 성공한다. 이때 아내와 나는 박수를 치며 기뻐한 기억이 있다. 이렇게 성인에게는 당연한 것들이 아이들에게는 힘든 여정이다. 아직 아이들은 어른처럼 생각하거나 행동하지 못한다. 같은 재난 상황에도 어른보다 아이들이 더 큰 피해를 입을 확률이 높다는 것이다.

부족한 초등학교 재난 대피 훈련

초등학교 6학년과 3학년 두 아이에게 학교에서 재난·안전교육을 어떻게 진행하는지 물었다. 6학년 딸아이는 생존 수영, 지진 대피, 화재 대피와 진압, 성 교육 등을 받는다고 한다.

생존 수영은 학교 인근의 실내수영장에서 교육받는다. 비행기가 수중 착륙을 했을 때 워터 슬라이드를 타고 물속으로 뛰어들고, 물속에서는 체온 유지를 위해 서로 팔짱을 끼고 누워서 구출을 기다리는 훈련을 한다. 또한 물에 빠진 사람을 구출하기 위해 페트병에 물을 담아 던지는 연습도 한다. 줄을 연결시킨 페트병에 물을 어느 정도 채워서 던지면 튜브 역할을 할 수 있기 때문이다. 구출하러 온 배까지 킥판을 잡고 이동하는 훈련도 받는다.

두 번째는 지진 대피 훈련이다. 경보가 울리면 책상 밑으로 들어갔다가 선생님의 대피 지시에 따라 가까운 비상계단을 이용해서 운동장까지 안전하게 대피한다. 이후 선생님들은 운동장에 모인 학생들의 건강 이상과 인원수를 파악한다.

세 번째는 화재 대피와 진압 훈련이다. 경보가 울리면 코를 수건 등으로 막고 자세를 최대한 낮춘 상태에서 가까운 비상계단으로 내려가 운동장에 줄을 서서 대기한다. 이후에 소방관들이 참여하여 소화기, 소방 호스 사용법을 교육한다. 이때 일부 학생만 선발하여 실습하는 경우가 대부분이다. 전체가 아니고 일부 학생들만 하는 것이다. 우리 아이에게도 실습을 했는지 물었더니, "아빠, 사람이 몇 명인데 어떻게 다 해"라고 대답했다.

나는 모든 아이들이 실제 소화기와 소화전을 사용하는 훈련을 해야 한다는 입장이다. 소화기를 직접 사용해봐야 화재가 났을 때 재빨리 사용할 수 있다. 소화기는 초기에 불을 끄는 데 효과가 크기 때문에 소화기 하나가 소방차 10대의 역할을 한다. 화재가 커지면 소방차 10대로도 진압하기 힘든 상황이 생긴다.

옥내 소화전도 호스와 노즐로 선생님이나 아이들이 직접 불을 끌 수 있는 기구다. 화재가 나면 2명이 소화전을 사용한다. 1명은 소화전함 내의 호스를 연결하고 다른 1명은 호스를 펼친다. 사용

준비를 마치면 밸브를 개방하여 화재 지점에 물을 방사한다.

밸브를 열 때는 반드시 다른 한 사람이 호스를 꽉 잡고 있어야 한다. 수압에 의해 호스가 춤을 추면 쇳덩어리인 노즐에 맞아 큰 부상을 입을 수 있다. 오래전부터 나는 소화전 사용법을 초등학교 때부터 교육하고 훈련해야 한다고 생각했다. 건물을 이용하면서도 소화전 사용법을 아는 사람이 거의 없다.

보여주기식은 이제 그만

얼마 전 내가 근무하는 사무실에서 화재 경보기가 울렸다. 나는 30층 건물 중 4층에서 근무하고 있었다. 화재 경보기가 울렸다는 것은 화재가 발생했다는 의미다. 그렇다면 경보를 듣는 순간 곧바로 대피해야 하는 것이 상식이다. 하지만 나는 어이없는 광경을 목격했다. 아무도 비상구를 통해 대피하지 않는 것이다.

이것은 무슨 의미일까? 훈련이 전혀 되어 있지 않기 때문이다. 평소에 반복적인 훈련을 했다면 우리 몸은 자동으로 반응한다. 화재경보에 한 명만 회의실에서 잠시 얼굴을 내밀었을 뿐 그 역시 다시 회의를 계속했다.

나는 기업을 방문하여 위험성 평가를 한다. 기업이 어느 정도의 위험을 안고 있는지 판단하는 업무다. 위험성을 판단하기 위해 관계자에게 안전관리 여부를 질문하고 서류로 확인한다. 안전 및 화재에 대한 교육·훈련 내용도 확인한다. 대부분의 관계자는 교육·훈련을 매우 잘 진행하고 있다고 자평한다. 하지만 그 말을 곧이곧대로 믿지 않는다. 특히 「소방법」에 따라 의무적으로 해야 하는 소방 훈련 일지를 보면 일부 사람만 참여한 사진 몇 장과 간단한 멘트를 기록한 것이 전부다. 이는 법 규정에 맞춰 형식적인 서류만 구비하는 것에 지나지 않는다.

학교에서는 화재 훈련에 대비한 소화기와 소화전 사용 교육을 몇 명에게만 하고 있다. 회사에서는 화재경보기가 울려도 즉시 대피하지 않는다. 사업 현장에서는 형식적으로 서류만 준비하고 실제 재난 대응은 하지 않는다.

우리는 세월호 참사를 통해 잘 알고 있다. 재난 대응 훈련이 전혀 되지 않은 여객선에서 어떠한 결과가 나타났는지를 말이다. 훈련되지 않은 선장과 선원들이 "움직이면 위험하니까 현재 위치에서 절대 이동하지 마세요"라는 어이없는 방송을 했다. 선장과 선원이 제대로 된 교육과 훈련을 받았다면, 출항 전 승객에게 제대로 된 안전교육을 했더라면, 단연코 그와 같은 참사는 없었을 것이다.

재난 위험 경감을 위해 정부가 하는 일

민식이, 하준이, 해인이, 한음이, 태호·유찬이. 이 이름들을 들어본 적이 있는가? 기억하는 사람들도 있을 것이고 처음 듣는 사람들도 있을 것이다. 방금 소개한 이름 뒤에 '법' 자를 붙여보겠다. 민식이법, 하준이법, 해인이법, 한음이법, 태호·유찬이법.

아이들 이름 뒤에 '법' 자를 붙이면 기억하는 사람들이 많을 것이다. 현재 법안을 발의 중이거나 국회를 통과한 법이다. 우리는 기억하기 쉽게 피해자, 처벌자 그리고 법안을 발의한 자의 이름 뒤에 '법' 자를 붙이기 시작했다.

6명의 아이들은 교통사고로 생명을 잃었다. 이 아이들은 자신의 이름 뒤에 '법'이라는 글자가 왜 붙었는지 모른다. 아이들의 부모는 자식의 이름 뒤에 법' 자를 붙이고 싶었을까? 아이들 이름으로 법이 제정된다 한들 아이들이 살아 돌아오는 것은 아니다. 순간의 사고로 자식을 잃어야 했던 고통을 가슴에 묻고 살아가는 부모를 생각하면 마음이 아프다.

민식이법

2019년 9월, 김민식 군은 동생과 함께 엄마 가게에 가기 위해 스쿨존 내에 있는 횡단보도를 건너다 교통사고를 당해 사망했다. 이를 계기로 어린이보호구역 내 과속단속 카메라 의무 설치, 어린이보호구역 내 부주의로 사망이나 상해 사고가 나면 가해자를 가중 처벌하는 내용의 '민식이법'이 발의되었고, 2019년 12월 10일 국회 본회의를 통과했다. '민식이법'은 지난 2020년 3월 25일부터 시행되었다.

'민식이법'의 주요 내용은 다음과 같다.

1. 어린이보호구역 내에 과속단속 카메라, 과속방지턱, 신호등을 설치한다.
2. 운전자의 부주의로 어린이보호구역에서 어린이가 사망할 경우 무기 또는 3년 이상의 징역에 처한다.

3. 피해자가 상해를 입으면 1년 이상 15년 이하의 징역이나 500만 원 이상~3,000만 원 이하의 벌금을 부과한다.

'민식이법'은 스쿨존에서 시속 30km를 초과하거나 전방 주시 의무를 소홀히 해서 13세 미만의 어린이가 사망하는 경우에 적용된다. 전국적으로 스쿨존 내에 과속단속 카메라가 설치된 곳은 5% 정도에 불과하다. 95%의 스쿨존에 과속단속 카메라가 없는 것이다.

나 또한 스쿨존 내에 과속단속 카메라가 있음을 차량에 설치된 내비게이션이 알려주면 범칙금을 내지 않기 위해 규정 속도를 지킨다. 이렇게 과속단속 카메라와 과속방지턱만으로도 사고를 줄이고, 사고가 나더라도 경미한 부상 정도에 그칠 수 있다.

민식이의 사고 장면이 녹화된 CCTV를 확인한 결과 운전자가 규정 속도를 지켰기 때문에 '민식이법'으로 인한 과잉 처벌을 우려하는 사람도 있다. 문제는 스쿨존 횡단보도 인근에 주정차되어 있는 차량들이다. 불법 주정차된 차들로 인해 키가 작은 어린이는 운전자의 눈에 잘 띄지 않는다. 이번 '민식이법'에서 스쿨존 불법 주정차 차량에 대한 집중 단속이나 처벌이 포함되지 않은 것에 대해 아쉬움이 남는다.

하준이법

2017년 10월, 하준이는 엄마 아빠와 함께 과천의 서울대공원에 놀러 갔다. 도착 후 하준이의 부모가 트렁크에서 물건을 내리고 있을 때 주차장에 세워두었던 다른 차가 굴러와 하준이를 쳐서 사망에 이르렀다. 주차장 바닥이 경사로여서 차량이 저절로 이동한 것이다. 운전자가 기어를 P에 놓았거나 사이드브레이크를 걸어두었다면 그런 불행한 사고는 일어나지 않았을 것이다.

이 사건을 계기로 「주차장법」이 일부 개정되어 '하준이법'이 만들어졌다.

1. 경사진 곳에 설치된 주차장에서는 고임목 등 주차된 차량이 미끄러지는 것을 방지하는 시설을 설치해야 한다.
2. 미끄럼 주의 안내 표지를 갖추도록 한다.

'하준이법' 또한 '민식이법'과 함께 2019년 12월 10일 국회 본회의를 통과했고, 2020년 6월 25일부터 시행 예정이다.

해인이법

2016년 4월 용인의 한 어린이집에서 집으로 돌아가려던 4세

해인이가 SUV 차량에 치어 사망했다. 그런데 놀랍게도 이 사고가 발생한 직후 어린이집에서 적당한 조치를 취하지 않은 것으로 나타났다. '해인이법'은 어린이 이용시설 관리 주체 또는 종사자가 해당 시설을 이용하는 어린이에게 위급 상황이 발생한 경우, 즉시 응급의료기관 등에 신고하고 조치하도록 하는 「어린이안전기본법」으로 발의됐다.

한음이법

2016년 4월, 광주의 한 특수학교에 다니던 한음이는 동행한 교사의 방치로 인해 통학 차량 안에서 세상을 떠났다. 한음이는 세포가 생성되지 않는 '미토콘드리아 근병증'이라는 희귀병을 앓고 있었다. 세포가 생성되지 않는 병으로 목 가누기가 어렵다는 판정을 받았다. 고개가 꺾인 채 그대로 놔두면 기도가 막힐 수 있었다. 이를 걱정한 한음이 엄마가 통학 차량에 동승하기를 바랐지만 학교 측에서는 규정상 어렵다며 거절했다.

그러다 2016년 4월 1일부터 승하차 안전지도를 하던 '통학 차량 실무사'가 교체되었다. 사고 당일인 4월 6일 탑승한 보조교사는 통학 버스에 세 번째 동승한 것이었다. 그날 한음이는 고개를 떨군 상태에서 울음을 터트리며 고통스러워했다. 그런데 그 교사는 한음이가 고통스러워하는데도 뒷좌석에서 스마트폰만 보고 있었다. 한음이는 고개를 들려고 안간힘을 쓰다가 결국 사망에 이르렀다.

'한음이법'의 3가지 주요 법안은 다음과 같다.

1. 어린이 통학 버스 운전자는 운행을 마치면 차에서 내리기 전 차 안에 어린이가 남아 있는지 확인해야 한다.
2. 버스 안에 영상정보처리를 의무적으로 장착하고 운전자와 운영자는 안전교육을 받아야 한다.
3. 특수학교/학급에 CCTV를 설치하고, 영상은 60일 이상 보관해야 한다.

현재 '한음이법' 첫 번째 법안은 2016년 11월 17일 국회 본회의를 통과했지만, 나머지 2건은 통과되지 못했다.

태호·유찬이법

2019년 9월 인천 송도에서 사설 축구클럽 승합차 운전자가 과속과 신호위반으로 교통사고를 냈다. 이 사고로 인하여 차에 타고 있던 태호와 유찬이가 사망했다. 차량은 노란색 승합차였기에

학부모들은 당연히 어린이 통학 차량이라고 생각했다. 하지만 사설 축구클럽은 어린이 통학 버스 대상이 아니었다. 이에 어린이가 탑승하는 모든 차량을 어린이 통학 버스 신고 대상에 포함해서 규정 속도를 지키게 하자는 내용의 법안이 발의되었다.

다른 아이가 안전해야 내 아이도 안전하다

어린이 이름을 내건 5개의 법안 중 2019년 12월 10일 국회 본회의를 통과한 것은 '민식이법'과 '하준이법' 2건이다.

2019년 11월 19일 문재인 대통령의 '국민과의 대화'가 방송으로 보도되었다. 이때 질문자로 민식이 아빠와 엄마는 아이의 영정사진을 들고 어린이 생명을 안전하게 보호할 수 있는 법안을 통과시켜달라고 요청했다. 그때 '민식이법'이 실시간 검색어 1위에 올랐는데, 이 영향으로 2건의 법안이 국회에 통과되었다.

아이들의 이름을 내건 법안 5건 가운데 왜 2건만 통과되었을까? 각 정당마다 각각의 정치적 목적을 위하여 관심 법안을 먼저 논의한다. 국민의 이목이 집중된 어린이 안전 법안을 이번에도 그냥 지나치면 국민들에게 뭇매를 맞을까 두려워 2건만 생색 내기를 한 게 아닐까? 아이를 잃은 부모들이 국회에서 무릎을 꿇고 법안을 통과시켜달라고 국회의원들에게 사정하는 모습을 보면 너무도 안타까운 생각이 든다.

아이들을 잃은 부모는 더 이상 자기 자식과 같은 아이가 나오지 않기를 바라는 마음에서 법안을 준비했다. 지금 내 아이가 그런 사고를 당하지 않았다고 무관심할 수 있는가? 그 아이가 바로 내 아이일 수 있다는 것을 명심하자.

학교 안전의 '적'은 부모라는 말이 있다. 학교에서 안전교육을 하려고 하면 대학입시에 도움이 안 된다고 반대한다. 아침에는 아이들을 등교시키려는 부모의 자동차로 학교 앞이 혼잡할 때도 많다.

지금 당장 눈앞의 내 자식만 생각하지 말고 전체 아이들의 안전을 생각해볼 필요가 있다. 다른 아이가 안전해야 내 아이도 안전한 것이다. 부모의 의식부터 개선해야 한다.

재난 시 생존율을 높이려면?

'설마가 사람 잡는다'는 속담이 있다. 발생 가능성이 낮아 주의를 소홀히 해서 탈이 난다는 뜻이다. 요행을 바라지 말고 할 수 있는 모든 조치를 미리 취해야 한다.

실제로 대형 재난이 발생하면 당연히 그 사건을 중심으로 방송이 보도된다. 재난을 직접 겪은 사람들의 인터뷰를 보면 하나같이 "설마 이런 일이 나에게 일어날 줄은 몰랐다"고 말한다. 자신이 재해의 당사자가 될 거라고 생각해본 적이 없는 것이다. 우리는 이를 '안전불감증'이라고 부른다.

안전교육을 했더라면

사고가 일어나기 전으로 돌아간다면 어떨까? 우리가 재난 대비 태세를 강화해서 같은 사고를 반복하지 않을지 의문이다. 우리는 그동안 같은 유형, 같은 원인, 같은 결과의 사고들을 수없이 경험하고 보아왔다. 그런 재난 상황에서 아이들의 희생 또한 적지 않았다.

"가만히 있어라"

세월호 침몰 당시 선장이 방송한 내용이다. 세월호 선장이 승객들에게 갑판 위로 올라오라고 명령을 내렸다면 수많은 어린 학생들이 차디찬 바다에 수장되는 일은 없었을 것이다. 이제 와서 이런 말을 하면 무슨 소용이겠는가. 하지만 똑같은 사고가 반복되는 것을 이제는 막아야 한다.

그때 선장이 가만히 있으라고 방송했다 하더라도 아이들이 구명조끼를 입고 갑판 위로 올라와 바다로 뛰어들었다면 어땠을까? 수학여행을 떠나는 날 아침, 부모가 아이에게 침몰이나 화재 발생 시 대응법을 알려주었다면 어땠을까? 누구도 이런 사고가 일어날 거라고 예상하지 못하고 아이들을 보냈을 것이다. 나도 아이를 키우는 부모로서 이런 위험 상황에 대한 대응책을 어디에서도 배우지 못했다. 그저 "몸 조심히 잘 다녀와"라고 손을 흔들어

배웅하는 것이 전부다.

운명의 마스터키

이번에는 2003년 대구지하철 화재를 살펴보자. 세계적인 피아니스트를 꿈꾸던 여고생 A양은 지하철을 타고 피아노 레슨을 받으러 가는 길이었다. 갑자기 지하철이 멈추고 화재가 발생했음을 알게 된 A양은 엄마에게 전화를 걸어 사고 소식을 전했다. 엄마는 놀란 딸을 달래며 주위 사람들을 따라 잘 대피하라고 했지만 딸은 지하철 문이 열리지 않는다고 했다. 왜 문이 열리지 않았을까?

당시 A양이 타고 있던 전동차는 반대편 역에 정차된 전동차가 불이 난 것을 모르고 역으로 진입했다. 화재가 발생한 전동차보다 반대편에 진입한 전동차에서 사망자가 더 많이 나왔다. 그 이유는 기관사가 마스터키를 빼고 대피했기 때문이다.

마스터키를 빼면 자동차 키와 마찬가지로 전동차의 모든 전원이 차단된다. 따라서 자동문이 열리지 않는다. 문이 열리지 않아 대피할 수 없어서 인명 피해가 더 커진 것은 말할 것도 없다. 결국 A양은 지하철을 빠져나오지 못했다. 엄마와의 마지막 통화가 되어버린 것이다.

해당 기관사가 평소에 매뉴얼을 잘 숙지하고 비상 훈련을 주기적으로 받아 몸에 익히고 있었다면 어땠을까? 지하철을 이용하는 승객이 문을 수동으로 여는 방법을 알고 있었다면? A양이 평소에 지하철 안전 수칙이나 대피 요령에 대해 교육받았다면? 그들의 운명은 달라졌을 수도 있다.

안전교육을 받은 10세 소녀가 100명을 살리다

2004년 12월 26일 영국인 10세 소녀 틸리 스미스는 크리스마스 연휴를 맞아 부모와 함께 태국 푸켓의 마이카오 해변에서 휴가를 즐기고 있었다. 이날 인도네시아 수마트라 인근 해저에서 엄청난 지진(진도 9.3)이 일어났다. 당시 지진으로 인해 쓰나미가 발생해서 동남아 국가인 스리랑카, 몰디브, 인도, 태국, 말레이시아, 인도네시아, 싱가포르뿐만 아니라 아프리카의 소말리아 해안가 마을 및 관광지까지 큰 피해를 입었다. 사망자가 28만 명 이상이었다.

그런데 틸리 스미스가 휴가를 즐기던 푸켓 마이카오 해변 인근에 있는 100여 명의 관광객은 지진으로부터 생명을 구할 수 있었다. 어떻게 해서 인명 피해를 줄일 수 있었을까?

틸리 스미스는 수영을 즐기고 있던 마이카오 해변에서 이상한 현상을 목격했다. 파도가 점점 거세지고 갑자기 바닷물이 빠져나가고 정박한 배들이 요동을 치는 것이었다. 다른 사람들은 갯벌에 떠밀려 와 펄떡이는 물고기를 줍기 바빴다. 하지만 그녀는 엄마에게 "엄마, 빨리 도망가야 해요. 쓰나미가 올 것 같아요"라고 말했다.

그녀의 엄마는 호텔 종업원에게 이 내용을 급히 전달했다. 호텔 측은 해변에 있는 모든 관광객을 인근의 높은 장소로 대피시켰다. 간혹 일부 동물이나 곤충도 지진과 같은 자연재해의 전조 현상을 직감한다고 한다. 그렇다면 틸리 스미스는 동물적인 직감으로 쓰나미가 올 것을 느꼈던 것일까?

그것은 아니다. 아이는 휴가를 떠나기 2주 전 학교에서 쓰나미의 전조 현상을 교육받았다. 그녀는 로이터 통신과의 인터뷰에서 "쓰나미에 대해 배웠다"고 하지 않고 "쓰나미 체험 프로젝트를 마쳤다"는 표현을 썼다.

그녀가 우리나라와 같이 안전교육을 글로 외우고 배웠다면 그런 긴급한 상황에서 빠른 판단을 할 수 없었을 것이다. 수업 시간에 해수면 아래 지진으로 인해 발생하는 파도에 대한 프로젝트를 수행했기 때문이다.

대부분의 사람들이 사고는 자신의 일이 아니라고 생각한다. 사고를 겪고 나면 그제야 '이렇게 했어야 했는데'라고 아쉬움을 토로한다. 그런 후회를 하지 않기 위해 위험관리 교육이 꼭 필요하다. 더 이상 어른들의 잘못으로 아이들이 희생되는 일은 없어야 한다. 그러기 위해서는 부모가 먼저 위험성과 안전에 대해 공부하고, 아이들은 형식적인 안전교육보다 몸으로 체득하는 교육이 필요하다.

재난 대비 교육,
정작 부모들도 받아본 적이 없다

사고로 아이들을 잃은 부모들의 마음은 말로 표현할 수 없을 것이다. 슬픔 중에서도 자식을 먼저 보낸 부모의 슬픔이 가장 크다. 사고로 아이를 잃은 부모는 '그곳에 가지 말라고 한마디만 했어도, 안전하게 잘 갔다 오라는 말 한마디만 했어도' 라며 후회한다.

그렇다면 반대로 부모가 재난 대비책을 숙지하고 있다가 아이들에게 알려주었다면 어땠을까? 그것도 쉽지 않다. 부모들도 어렸을 때부터 제대로 된 재난 교육을 받아본 적이 없기 때문이다. 우리가 알지 못하니 아이에게 어떤 것이 위험하고 안전을 위해 어떻게 행동해야 하는지 알려줄 수 없다.

해외의 재난 훈련

미국 어느 대학의 기숙사는 화재 대피 훈련의 일환으로 예고 없이 경보를 울린다. 심지어 새벽 2시에도 경보가 울린다. 우리나라에서 새벽 2시에 훈련한다고 예고 없이 경보를 울리면 관리자에게 많은 비난이 쏟아질 것이다.

하지만 화재는 우리가 곤히 잠들어 있는 새벽에도 예고 없이 발생한다. 화재는 시간과 장소를 가리지 않는다. 이처럼 다양한 시간과 여러 가지 상황에서 훈련을 해야 제대로 된 대응이 가능하다.

그래서일까? 미국 대학의 기숙사에서는 졸립고 귀찮다고 훈련에 참석하지 않거나 몰래 숨어 있다 적발되면 과태료를 물거나 처벌을 받는다. 우리와 많은 차이가 있다.

뉴질랜드의 한 백화점은 영업시간 중에 대피 훈련을 한다. 우리나라의 백화점에서는 있을 수 없는 일이다. 왜냐하면 대부분의 손님들은 대피 훈련이 쇼핑에 방해가 된다고 여기기 때문이다. 백화점 측에서도 매출에 도움이 되지 않는다고 생각할 확률이 크다.

나는 어느 백화점에서 소방 점검 일정에 대해 협의한 적이 있다. 백화점 관계자는 영업시간에는 절대 점검할 수 없다고 강력히 주장했다. 그 이유는 점검 중 실수로 화재경보기가 울리면 손님들에게 항의를 받기 때문이라는 것이다. 소방 점검으로 인해 화재경보기가 울릴 수 있다는 안내 방송을 해도 절대 용납될 수 없다고 했다.

소방시설은 화재 시 작동하여 화재 상황을 알리거나 불을 끄는 역할을 한다. 따라서 평소에 점검을 통해 항상 정상적인 상태로 관리해야 하는데 이 또한 쉽지 않다.

뉴질랜드의 백화점은 화재 대피 훈련을 하면 직원뿐 아니라 고객들도 쇼핑을 중단하고 즉시 대피한다. 훈련 이후 고객들이 발길을 돌려 더 이상 쇼핑을 하지 않더라도 모두의 안전을 위해 기꺼이 불이익과 불편을 감수하는 것이다.

우리나라의 형식적 민방위 훈련

최근에 민방위 훈련에 참여해본 적이 있는가? 고등학교를 졸업한 이후로는 안전교육을 받아본 적이 없다. 유일한 것이 민방위 훈련이다. 언제부터인지 기억도 나지 않지만 민방위 훈련은 매우 형식적으로 진행된다.

민방위 훈련은 매월 15일에 일제히 실시하고 있으며 모든 주민이 참가해야 한다. 그런데 대부분의 사람들은 15일이 민방위의 날인지도 모른다. 일상생활을 하다가 사이렌이 울리면 민방위 훈련을 하는구나, 생각하는 정도다.

주위 사람들을 보면 민방위 훈련에 잘 참석하는 것 같지 않다. 우리는 '재난이 나에게 일어나겠어?' 하는 안일한 생각으로 재난 훈련에는 관심이 없다. 하지만 재난 상황을 겪어본 사람의 얘기는 다르다. 나에게도 재난이 일어날 수 있다는 것을 뼈저리게 느낀다.

재난은 누구에게나 일어날 수 있다. 경제학에서는 블랙스완(Black Swan, 검은 백조)이라는 개념이 있다. 과거의 경험을 토대로 도저히 일어날 수 없을 것이라고 판단한 일이 실제로 일어나는 것을 말하며, 이 일이 일어났을 때 사람들에게 엄청난 충격과 파장을 몰고 온다는 것이다.

2008년 금융위기 때 블랙스완이라는 말이 주목받았다. 유럽인들은 블랙스완이 발견되기 전까지 백조밖에 없다고 인식했다. 1697년 오스트레일리아 대륙에서 블랙스완을 발견했고, 일어날 가능성이 전혀 없는 일들이 실제로 일어나는 것을 은유적으로 표현한다.

재난도 마찬가지다. 나에게 일어날 수 있는 사고 확률이 낮다고 해서 위험하지 않다고 생각한다. 하지만 위험에 노출되면 심각한 결과를 초래한다. 성인들이 유일하게 참여할 수 있는 민방위 훈련에도 계속해서 관심을 가져야 한다. 아이들과 나의 안전을 바란다면, 이제는 훈련에 대한 거부감을 없애고 적극 동참해야 한다. 한 번에 바뀌지는 않겠지만 조금씩이라도 생각의 전환을 기대해본다.

이젠 재난 리스크 교육으로 패러다임을 전환할 때다

하인리히의 도미노 이론에 따르면 불안전한 행동과 불안전한 상태가 사고를 불러오는 직접원인이다. 사고의 직접원인인 도미노 한 개를 제거하면 사고가 발생하는 연쇄성은 없어진다. 불안전한 행동과 불안전한 상태로 발생하는 사고 원인이 98%의 비율을 차지하고, 나머지 2%는 자연재해로 인한 발생이다.

다시 말하면 98%(불안전한 상태 + 불안전한 행동)는 예방 가능한 사고이며 인간의 힘으로 어쩔 수 없는 자연재해는 고작 2%에 불과하다는 것이다. 그중 불안전한 상태는 10%이며 불안전한 행동은 88%이다. 아이들의 행동을 잘 통제할 수 있다면 88%의 사고가 예방 가능하다. 즉 사고의 대부분은 예방할 수 있다는 결론이 나온다.

불안전한 상태

불안전한 상태는 안전하지 않은 상태를 의미하며 사고의 10%를 차지한다. 그럼 안전하지 않다는 것은 어떤 상태일까? 가정이나 학교, 보행 시 외부 조건이나 상태에 의한 잠재적인 위험성을 말한다. 그중에서도 위험성이 높은 상태라고 할 수 있다.

등굣길이라면 횡단보도 신호등 고장이나 움푹 팬 도로, 학교에서는 미끄러운 복도나 뾰족한 책상 모서리에 얼굴을 다칠 수 있다. 가정에서도 예외가 없다. 집에서는 불안하게 쌓아 올린 그릇이 떨어지거나, 놀이터에서는 파손된 놀이기구에 의해 다칠 수 있다. 불안전한 상태는 어떤 물건에 직접적으로 부딪치는 것을 말한다.

불안전한 행동

한마디로 안전하지 않은 행동을 말한다. 등교 시에 무단횡단을 한다든가, 안전벨트를 매지 않고 자동차를 타는 것 등이다. 앞에서 밝혔듯이 불안전한 행동으로 인한 사고는 88%이다. 아이들 사고의 88%는 예방할 수 있다는 뜻이다.

2019년 스쿨존 내의 교통사고로 목숨을 잃은 민식이로 인해 발의된 「민식이법」을 보자. 민식이 사고의 원인은 불안전한 상태와 불안전한 행동의 복합적인 원인이었다. 불안전한 상태를 만든 것은 횡단보도 인근 도로에 불법으로 주정차된 차량들이었다. 불법 주정차된 차량 때문에 운전자는 키가 작은 민식이를 볼 수 없었다. 또한 운전자가 스쿨존에서 30km/hr 이하로 운전했다고 하더라도 주위를 충분히 살피지 못한 것은 불완전한 행동에 해당한다. 민식이 또한 주변을 살피는 안전의식이 부족한 상태에서 횡

| 가정, 교통, 학교에서 불안전한 상태 및 불안전한 행동 |

장소	불안전한 상태	불안전한 행동
가정	• 안전장치가 없는 서랍 • 화장실 바닥의 물기 • 투명한 발코니 유리 • 식탁 위에 놓인 유리잔 • 걸려 넘어질 수 있는 문턱 • 손이 닿는 곳에 보관하는 칼 • 중독 위험이 있는 의약품 • 러닝머신 덮개 없이 보관하기 • 사용하지 않는 전기제품 플러그 뽑아놓지 않기 • 망치, 톱 등 공구와 바늘, 가위, 핀 등의 재봉 도구 낮은 곳 보관 • 손잡이 안전 캡이 없는 드럼세탁기 • 손에 닿는 위치에 보관하는 세제 • 식지 않은 고온 상판의 인덕션 • 아무렇게나 쌓여 있는 냉장고 내부 • 증기가 뿜어 나오는 전기밥솥	• 가구에 올라가기 • 장롱 안에 숨기 • 바퀴 달린 의자에 올라서기 • 침대, 소파에서 방방 뛰기 • 깨진 유리컵 맨손으로 치우기 • 목이 감길 수 있는 블라인드 줄 잡고 놀기 • 봉이 떨어질 수 있는 커튼 잡아당기기 • 러닝머신 작동 시 매달리기와 벨트 아래 손 넣기 • 접착제나 약물 흡입 • 세탁기 안에 숨기 • 세제 흡입 • 발코니 난간에 기대거나 매달리기 • 밖으로 물건 던지기 • 전자파 영향 있는 전자레인지 접근 • 유통기한 지난 음식물 • 물이 끓는 주전자 만지기

교통	• 고장 난 횡단보도 신호등 • 튀어나온 보도블럭 • 뚜껑이 닫혀 있지 않은 맨홀 • 스쿨존 내 규정 속도 이상으로 달리는 차량 • 스쿨존 인근에 주정차하기 • 정류장 정차 위치에 버스 정차하지 않기 • 보험이나 공제조합에 가입하지 않은 통학 차량 • 어린이 보호차량 정차 시 정지하지 않기 • 겨울철 눈이 제거되지 않은 빙판길 • 이어폰 꼽고 자전거 타기 • 한 방향으로 통행하지 않는 자전거도로 • 고정되지 않은 카시트 • 앞좌석에 설치한 카시트	• 보도가 아닌 차도로 걷기 • 보도에서는 오른쪽이 아닌 왼쪽으로 걷기 • 걸으면서 휴대전화 사용하기 • 보행 중 이어폰으로 음악 듣기 • 좌우를 살피지 않고 횡단보도 건너기 • 신호등 바뀌기 전 뛰어서 횡단보도 건너기 • 넘어지면 머리가 다칠 수 있는, 주머니에 손 넣고 걷기 • 차 안에서 창밖으로 머리 내밀기 • 골목길에서 굴러간 공을 잡기 위해 큰 도로로 뛰어나가기 • 차 밑에 들어간 공 꺼내기 • 안전벨트 매지 않기 • 아이 안은 채 차량 탑승 • 차 안에 어린이 혼자 방치하기 • 지하철과 계단 이용 시 손잡이 잡지 않기
학교	• 비 온 뒤 물기가 있는 교실 • 정렬되어 있지 않은 책상과 의자 • 정리되지 않은 마대걸레 • 과학실 내 정리되지 않은 알코올 램프 • 실험장치 주변에 책이나 무거운 물건 올려놓기 • 파손된 운동장 놀이기구 • 책이 잘 정리되지 않은 도서관 책장 • 끝이 날카로운 가위나 칼 • 고장 난 교실 문 • 비치되지 않은 안전 매뉴얼 및 대피 경로 • 손이 닿는 위치의 전자제품 콘센트 • 아무나 출입 가능한 학교 보안	• 복도에서 뛰어다니기 • 창문을 문처럼 드나들기 • 창틀에 올라가기 • 맨발로 다니기 • 앉으려는 친구 의자 몰래 빼기 • 뜨거운 식판 들고 장난치기 • 계단 난간 미끄럼틀 놀이 • 문구류 입에 물기 • 교실에서 물건 던지기 • 운동 전 몸을 푸는 준비운동을 하지 않기

단보도를 건넌 것은 불안전한 행동이다.

불안전한 행동은 사고에 매우 큰 영향을 미친다. 특히 유아기를 비롯하여 초등학생과 청소년기에는 호기심이 많고 탐구하려는 충동이 강하다. 하지만 신체적인 기능이 미숙하고 위험한 상황에 대한 결과를 예측하고 대처하는 능력이 부족하다. 항상 사고의 가능성을 안고 있다고 해도 과언이 아니다. 따라서 학교에서의 안전교육만이 아니라 부모도 안전관리 전문가로서 아이들의 사고를 줄여야 할 책임이 있다.

아이와 함께 주위를 살피고 위험 정보를 공유하자

아이들은 왜 불안전한 행동을 할까?

첫째, 가장 핵심적인 것은 무엇이 안전한지 모르기 때문이다. 학교에서 배우기는 하지만 형식적인 내용이 많고, 부모 또한 안전에 대한 관심이 부족하다. 표에서 나열한 불안전한 행동은 일상에서 흔히 벌어질 수 있는 상황이다.

평소 주위에 관심을 갖는다면 아이들과 위험을 공유할 수 있다. 불안전한 행동이 무엇인지 아이들에게 가르쳐야 한다. 한번 가르친다고 해서 곧바로 아이가 습관을 들이는 것은 아니다. 길을 걷다가, 잠자기 전에, 차를 타고 가면서 반복적으로 가르쳐야 습관이 몸에 밴다. 우리 아이의 생명이 달린 일인데, 쉽게 포기할 것인가?

둘째, 아이들은 아직 어른만큼 숙달되어 있지 않다. 아이들에게는 배워야 할 것들이 너무 많다. 아이가 자라면서 밥 먹는 방법부터 지식을 얻기 위해 책을 읽는 것까지 모두 배워야 한다. 안전한 생활도 예외는 아니다. 부모가 위험과 안전을 알려주어야 한다.

셋째, 아이들은 위험과 안전의식이 부족하다. 아이는 다치지 않으면 안전한 것으로 착각한다. 다쳐서 아파보지 않는 한 아이는 불안전한 행동을 계속한다.

넷째, 인간 고유의 휴먼 에러(Human Error)이다. 휴먼 에러는 착각이나 욕심, 피로, 불안에 의해 나타날 수 있다. 빨간 신호등에서 횡단보도를 별탈 없이 건넜다면 안전하다고 착각한다. 그러다 보면 학교에 지각하지 않으려고 서둘러 뛰거나 초록불이 깜빡이는데도 무리하게 횡단보도를 건넌다.

국가 시스템만으로는 우리 아이들을 지키지 못한다

국가적인 위기 상황이 발생하면 어떻게 하는가? 「헌법」 제34조 6항에는 "국가는 재해를 예방하고, 위험으로부터 국민을 보호하기 위해 노력해야 한다"고 규정하고 있다. 그렇다면 국가는 비상 상황에서 국민의 생명을 어떻게 보호하고 있을까? 정부는 위기 상황을 예방 단계, 대비 단계, 대응 단계, 복구 단계의 4단계로 구분해서 대처한다.

예방 단계

대형 사고와 같은 위기 상황 자체를 억제하거나 방지하기 위한 단계라고 할 수 있다. 하지만 정부 방침에서는 어떻게 재난의 발생을 감소하고 완화할지에 대한 규정이 구체적이지 않다.

국민의 안전 관련 법령이 있지만 규정이 허술하다. 세월호 참사 당시에도 「안전점검법」이 있었지만 형식적인 점검에 그쳤다. 출항 전 탑승 인원과 적재 화물의 적정량을 확인하지 않았고, 출항 후 세월호 선원으로부터 탑승 인원과 적재량을 통보받았을 뿐이다.

가족이나 친구 단위로 자주 이용하는 펜션에서도 가스 폭발과 같은 사고가 자주 발생한다. 2020년 1월 26일 설 연휴, 강원도 동해의 한 펜션에서 가스 폭발이 일어나 4명이 사망하고 3명이 전신 화상을 입었다. 그 펜션은 숙박 시설이 아닌 다가구주택으로 신고되어 있었다. 소방서에서 점검을 나왔을 때 개인 주택이라는 이유로 건물주는 점검을 받지 않았다. 법 규정이 미치지 못하는 사각지대가 있는 것이다.

국가는 소극적인 대책보다 적극적인 관리로 재난 예방에 힘써야 한다. 과거 우리나라에서는 후진국형 대형 재난 사고가 차고 넘치도록 일어났다. 그러나 수많은 재난으로부터 어떤 것도 학습하지 못했다. 사고에 대한 복기와 재발 방지 대책을 충분히 준비하지 못했기에 또다시 같은 사고가 반복되는 것이다.

대비 단계

국가가 수행해야 하는 비상계획을 수립하고 그에 따라 훈련을 통해 재난 대응 조직의 능력을 강화해야 하는 단계다. 비상계획에는 재난의 피해를 최소화하기 위한 경보 체계나 구조, 비상연락망 등 효과적인 대응 활동이 포함되어야 한다.

그러나 세월호 사고 당시에 정부는 우왕좌왕했다. 현장의 구조본부였던 서해지방해양경찰청과 목포해양경찰청조차 기본적인 대응 수칙을 전혀 따르지 않았다. 진도 해상교통관제센터 직원은 근무 중 음주와 같은 부적절한 행동까지 보였다.

각 재난에 맞는 안전 매뉴얼을 만들어 재난 발생 시 즉각적으로 대응할 수 있도록 교육과 훈련이 되어 있어야 한다. 세월호 참사에서도 보았듯이 침몰하는 배를 뒤로한 채 선장과 선원들이 먼저 탈출했고, 해경 경비정은 아이들을 구조하지 않았다. 이는 매뉴얼만 있을 뿐 그에 대한 훈련이 전혀 되어 있지 않았다는 것을 의미한다.

대응 단계

대응 단계는 재난이 발생하면 빠른 대응 조치로 피해를 최소화하는 단계다. 인명을 안전하게 구조하는 것이 최우선이며, 재해 복구도 순조롭게 진행되어야 한다. 이 단계에서는 현장에서 바로 적용할 수 있는 비상계획에 따라 실행해야 한다. 인명 안전을 위해 긴급 의료체계가 작동해야 하고, 재난대책본부로 꾸려야 한다. 재난 현장의 수색, 구조, 안전 확보, 비상대피소도 설치해야 한다.

세월호 참사 당시 현실성과 전문성이 부족한 중앙재난안전대책본부는 사태를 더 악화시켰다. 부적절한 초기 대응과 구조 활동으로 인명 피해를 더욱 키웠다. 중앙재난안전대책본부는 전문성은커녕 기본적인 매뉴얼조차 숙지하지 못한 상태에서 현장을 지휘했다. 특히 "국가안보실은 재난 컨트롤타워가 아니다"라는 청와대의 발표는 정부가 국민의 안전을 뒤로한 채 책임을 회피하려는 행동이었다. 심지어 주요 정보를 왜곡하거나 은폐하려는 경향까지 보였다.

특히 재난이 발생했을 때 정부 부처의 장관이나 국회의원이 현황 파악을 위하여 재난 현장을 방문한다. 사고 수습으로 인해 눈코 뜰 새 없이 바쁜 상황에서 고위공직자가 방문하면 그들의 의전에도 신경 써야 한다. 이런 고위직의 방문 횟수도 법이나 규정으로 명확히 정할 필요가 있다.

복구 단계

재난 상황이 안정되면 재난 이전의 상태로 원상 복구하기 위해 힘써야 한다. 이재민이 있다면 최소한의 생활을 영위할 수 있도록 임시주택과 생필품을 제공하고 전염병에도 신경 써야 한다. 복구 단계에서는 재난이 발생하기 전의 정상 상태로 회복하는 일과 피해자에 대한 보상, 그리고 사고에 대한 예방, 대응 체계를 정비한다.

복구 단계에서는 중·장기 복구 계획을 수립하고 복구 상황을 점검 및 관리해야 한다. 그리고 피해자에 대한 보상 및 배상과 피해 유발 책임자에 대한 법적 처리도 해야 한다. 또한 재발 방지와 피해를 최소화하기 위한 대책도 마련해야 한다.

세월호와 씨랜드 참사 등에서 많은 아이들이 희생되었지만, 정부는 원인을 규명하는 데 적극적이지 않았다. 오히려 사건을 빨리 덮으려는 시도를 했다. 원인 규명을 하는 시간이 길어질수록 정부의 책임론에 무게가 실리기 때문이다. 원인을 밝혀 사고의 재발 방지 대책을 세워야 할 정부가 사건을 은폐하려는 시도를 하는 것을 보면 아이를 잃은 부모는 절망한다.

안전한 우리 집 만들기

일상적인 삶이란 무엇일까? 사람마다 차이가 있겠지만 나는 아침에 일어나 자고 있는 아이들을 보고 회사에 출근해서 일을 하며 하루를 시작한다. 월요일부터 금요일까지 회사 업무를 마치고 퇴근해서 아이들과 식탁에 앉아 시시콜콜 대화를 나누면서 저녁 식사를 한다. 주말이면 집에서 아이들과 뒹굴거리며 휴식을 취하거나 야외에 나가기도 한다.

나는 가끔 행복이란 무엇인지에 대해 생각한다. 출근 전후 아이들을 보고 주말에 아이들과 함께할 수 있는 것은 분명 큰 행복이다. 일상의 행복을 느끼게 해주는 장소 중 하나가 바로 집이다.

그런데 아이들이 가장 많이 다치는 장소는 어디일까? 한국소비자원의 〈2018년 어린이 안전사고 동향 분석〉에 따르면 어린이 안전사고가 가장 많이 발생하는 장소 1위는 주택(67.8%)이었다. 2위는 학교와 같은 교육 시설이 6.1%를 차지했다. 2위와의 차이가 무려 60% 이상으로 가정에서 일어나는 사고가 압도적으로 많았다. 가장 안전해야 할 집에서 가장 많은 사고가 일어나고 있다. 따라서 안전한 우리집 만들기야말로 아이들 사고 위험을 크게 줄일 수 있는 첫 번째 방법이다.

가정 내에서는 어떤 사고가 일어날지 예측할 수 없다. 저녁에 먹은 음식이 잘못되어 체하는 경우도 있고, 아이들끼리 장난을 치다가 넘어져서 다치기도 한다. 주방에서 음식을 조리하던 중에 불이 주변 가연물에 옮겨 붙는 아찔한 상황도 있다. 이렇게 예상할 수 없는 사고가 발생하면 누구나 당황할 수밖에 없다. 당황하면 이성적으로 생각할 수 없다. 이성적으로 생각하지 못하면 사고에 적절히 대처할 수 없다. 그래서 사고 크기에 비해 아이들이 더 많이 다치는 결과가 초래되기도 한다. 우리 집에서 안전사고를 예방하기 위해서는 사전에 안전점검부터 해야 한다. 매월 4일은 안전점검의 날이다. 가정에서도 안전점검의 날을 정해보는 것은 어떨까?

대피 공간을 창고로 사용하지 않기

비상시에는 안전한 장소로 대피하는 것이 중요하다. 최근 지어진 아파트는 발코니가 확장되면서 화재 시 외부와 연결되는 공간이 사라졌다. 그 대신 아파트 내에 별도의 대피 공간이 마련되어 있다. 하지만 대부분의 사람들은 대피 공간이 있는지도 모른 채 물건을 쌓아놓는 창고로 사용한다. 대피 공간은 화재가 났을 때 현관으로 대피할 수 없는 경우를 위해 안전하게 소방대의 구조를 기다릴 수 있는 공간이다.

아울러 정전 시 사용할 수 있는 손전등(휴대용 비상조명등)과 완강기를 점검하자. 특히 완강기 사용법은 시간을 내어 안전체험관에서 직접 해봐야 한다.

창고로 사용하는 아파트 대피 공간

소화기의 위치와 사용법 알아두기

아파트에 입주할 때 관리사무소에서 소화기를 배급받는다. 단독주택에도 2017년 2월 4일부터 소화기 설치가 의무화되었다. 그런데 소화기는 아이들이 가지고 놀까 봐 혹은 거추장스럽다는 이유로 창고나 눈에 띄지 않는 곳에 보관하는 경우가 다반사다. 비상시에 마음이 급한 상황에서 소화기를 찾는다는 것은 거의 불가능하다. 따라서 눈에 잘 띄는 곳에 보관해야 한다.

단독경보형 감지기 점검하기

주택은 2017년 2월 4일부터 소화기와 마찬가지로 단독경보형 감지기도 의무적으로 설치해야 한다. 단독경보형 감지기는 화재

단독경보형 감지기

가스레인지 주위에 나무도마, 키친타월 같은 가연물을 두지 않는다.

발생으로 연기가 감지되면 자동으로 경보음이 울리는 장치다.

집에 소화기와 단독경보형 감지기를 설치하지 않았다면 법적 설치 의무와 가족의 안전을 위해 빨리 설치하는 게 좋다. 인터넷으로 구매 시 6,000원에서 만 원 정도면 살 수 있고 설치하기도 어렵지 않다. 매달 점검 스위치를 눌러 감지기가 정상적으로 작동하는지도 확인하자.

가스레인지 주위에 타는 물질 두지 않기

아파트의 주방에는 주방자동소화장치가 설치되어 있다. 주방자동소화장치는 가스레인지 사용 시 조리기구에서 화재가 발

| 공동주택용 안전점검표 |

점검항목	네	아니요
전기제품 콘센트 주변은 깨끗한가요?	▢	▢
전원 자동 차단용(스위치) 콘센트를 사용하고 있나요?	▢	▢
누전차단기 앞쪽의 황색 또는 적색 버튼을 누르면 손잡이가 내려가나요?	▢	▢

점검항목	네	아니요
보일러와 가스레인지 등 가스기구 주변에 가스감지기가 설치되어 있나요?	▢	▢
가스레인지 사용 후 밸브를 잠갔나요?	▢	▢
배관 주변에 비눗물을 발랐을 때 거품이 나지 않나요?	▢	▢

점검항목	네	아니요
건물에서 "딱딱"하는 소리가 나지 않나요?	▢	▢
창문과 방문을 열고 닫기가 힘들지 않나요?	▢	▢
승강기 내부에 검사합격 증명서와 비상연락처가 부착되어 있나요?	▢	▢

점검항목	네	아니요
집에 있는 소화기는 유효기간(10년) 이내의 것인가요?	▢	▢
소화기 사용법을 알고 있나요?	▢	▢
발코니 경량칸막이나 비상 대피공간의 위치를 알고 있나요?	▢	▢
발코니 경량칸막이나 비상 대피공간 주변에 물건을 쌓아두고 있지 않나요?	▢	▢

| 일반주택용 안전점검표 |

점검항목	네	아니요
전기제품 콘센트 주변은 깨끗한가요?	▢	▢
전원 자동 차단용(스위치) 콘센트를 사용하고 있나요?	▢	▢
누전차단기 앞쪽의 황색 또는 적색 버튼을 누르면 손잡이가 내려가나요?	▢	▢

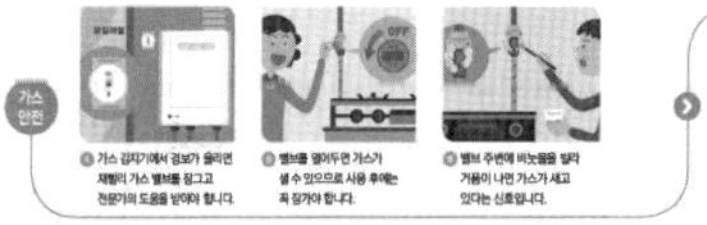

점검항목	네	아니요
보일러와 가스레인지 등 가스기구 주변에 가스감지기가 설치되어 있나요?	▢	▢
가스레인지 사용 후 밸브를 잠갔나요?	▢	▢
배관 주변에 비눗물을 발랐을 때 거품이 나지 않나요?	▢	▢

점검항목	네	아니요
무거운 물건들이 높은 곳에 놓여있지 않나요?	▢	▢
건물에서 "딱딱"하는 소리가 나지 않나요?	▢	▢
창문과 방문을 열고 닫기가 힘들지 않나요?	▢	▢

점검항목	네	아니요
방과 거실에 단독형 화재감지기가 설치되어 있나요?	▢	▢
집에 있는 소화기는 유효기간(10년) 이내의 것인가요?	▢	▢
소화기 사용법을 알고 있나요?	▢	▢

출처 : 행정안전부

생하면 자동으로 가스를 차단하고 소화약제를 방출하는 장치다. 그런데 준공된 지 15년 이상 된 아파트에는 소화장치가 설치되어 있지 않다.

가스레인지 주위에 행주, 나무도마, 플라스틱 컵 등의 가연성 물건을 놓아두면 조리기구의 복사열에 의해 화재가 발생할 수 있다. 따라서 가스레인지 주위에는 탈 수 있는 물건을 절대 놓지 말아야 한다.

이외에도 행정안전부에서 제공하는 안전점검표를 정기적으로 체크해, 사랑하는 가족들이 생활하는 집이 가장 안전한 장소가 되도록 만드길 바란다.

우리 동네 안전지도를 만들어라

내가 살고 있는 집 주위가 어떤지 잘 아는가? 집 주변에 무엇이 있는지 모르는 사람들이 의외로 많다. 아이들도 학교와 집 그리고 학원, 동네 놀이터 외에는 무엇이 있는지 잘 모른다. 주변에 어떤 건축물이 있는지, 아이와 함께 산책하기 좋은 야산이나 공원이 있는지, 아이들이 책을 볼 수 있는 작은 도서관은 있는지 등 집 주변에 관심을 가져보는 것은 어떨까?

집 주변을 살피다 보면 아이들의 안전문제도 보인다. 횡단보도는 있는데 신호등은 없다거나 가로등이 없어서 사람이 잘 다니지 않아 음침해진 골목도 있다. 특히 불법 주정차가 많으면 운전자가 키가 작은 아이들을 미처 보지 못해 교통사고가 날 수도 있다. 아이와 함께 숨은 그림을 찾듯이 이곳저곳 돌아다니며 어디가 위험한지 이야기를 나누다 보면 자신이 사는 동네에 대한 애착도 생긴다.

안전지도 준비하기

지도는 아이들이 직접 그리면 좋다. 집을 중심으로 학교, 학원, 놀이터, 마트 등을 아이들이 직접 그린다. 지도를 그리라고 하면 아이들은 막막해한다. 학교의 위치가 오른쪽인지 왼쪽인지 헷갈

| 아이와 함께 안전지도 만들기 |

린다. 약국을 학교보다 더 크게 그린다. 우리 아이는 치킨집과 빵집의 위치는 매우 잘 기억한다. 자주 다닌 곳이기 때문이다. 하지만 그 주변을 다 알지는 못한다. 이때 부모가 아이를 도와 함께 지도를 그려보자.

인터넷의 지도를 출력하는 방법도 있다. 네이버, 다음, 구글 지도에서 집 주변의 지도를 출력하고 빨강 스티커는 위험한 곳, 초록 스티커는 안전한 곳에 붙이면서 우리 동네 안전지도를 만들어 아이가 직접 인지하게 해보자.

동네 탐험하기

안전지도를 보면서 아이와 함께 동네를 탐험하자. 우선 아이들이 자주 다니는 등·하굣길이나 학원 가는 길을 위주로 살펴본다. 그 외에 놀이터, 자주 가는 문구사, 음료수를 사 먹는 가게 주변에 어떤 위험 요소가 있는지 알아본다. 그리고 자주 가지는 않지만 어떤 곳에 위험이 도사리고 있는지 확인한다.

어디가 위험한 곳인지, 반대로 어디가 안전한 곳인지 아이들의 의견을 들어보고 지도에 표시한다. 쓰레기가 쌓여 있는 곳은 사람들이 다니지 않기 때문에 범죄가 일어날 가능성이 있다. 놀이터는 아이와 부모가 함께 있는 안전한 공간이다. 하지만 부모는 안전하다고 생각한 공간이 아이에게는 위험할 수도 있다.

인터넷 사이트에서 도움받기

아이와 부모가 위험한 곳과 안전한 곳을 선정하더라도 놓치는 부분이 있다. 인터넷 검색으로 우리 동네의 안전사고를 검색해보는 것도 좋다. 주위의 파출소 경찰관에게 위험한 곳과 안전한 곳을 알려달라고 해도 좋다. 경찰관들은 동네의 사고 처리를 담당하고 있기 때문에 많은 정보를 가지고 있다.

행정안전부에서 운영하고 있는 생활안전지도(http//www.safemap.go.kr) 홈페이지나 스마트폰 앱을 활용하는 방법도 있다. 생활안전지도는 무단횡단 보행 사고와 같은 교통, 홍수, 산사태, 지진 등의 재난, 성폭력, 강도, 폭력, 절도 같은 치안, 어린이 보행사고, 어린이 범죄, 여성 밤길 범죄 같은 취약계층에 대한 안전지도와 시설 위치 정보를 실시간으로 제공한다.

위험을 발견하면 신고하기

안전지도를 통해 동네의 위험을 발견하면 어떻게 해야 할까? 위험을 방치하면 우리 아이를 포함해 다른 아이들까지 사고에 노출된다. 위험 요소를 되도록 빨리 제거해야 한다. 행정안전부에서 운영하는 안전신문고(http//www.safetyreport.go.kr) 홈페이지나 스마트폰 앱을 통해 신고하면 된다.

2019년 1년간 안전신문고를 통해 접수된 민원은 100만 건이 넘는다. 이 중 처리율은 99.9%로 대부분의 민원이 처리되고 있다. 1 : 29 : 300 법칙을 적용해보면 100만 건의 민원 처리로 2019년 한 해 동안 3,340건 정도의 사망 사고나 대형 사고를 방지했다고 볼 수 있다.

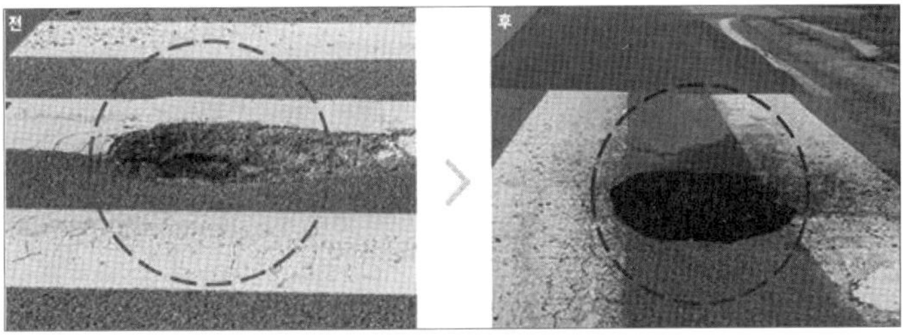

출처 : 안전신문고(학교 앞 횡단보도에 난 싱크홀을 조치해주세요.)

우리 아이,
부모가 지킨다

아이의 놀이문화가 변화했다

등교하는 초등학생들을 보면 어떤 아이는 엄마의 보호를 받으며 걸어가고, 어떤 아이는 승용차를 타고 학교 앞까지 온다. 하교 때도 교문 앞에서 기다리는 부모가 적지 않다. 부모는 왜 아이들을 학교까지 직접 데려다주고 데리러 오는 것일까? 아이들도 학교 가는 길을 다 알고 있고, 매일 하는 일인 만큼 혼자서도 충분히 할 수 있는데도 말이다. 아이 혼자 보내려니 부모의 마음이 불안하기 때문이다. 아이들이 납치되지 않을까? 아니면 교통사고라도 당하지 않을까? 아이들을 마음 놓고 학교에 보내지 못하는 부모의 마음이 안타까울 뿐이다.

요즘은 아파트 놀이터에서 혼자 노는 아이들을 거의 볼 수 없다. 초등학생과 유치원 아이들은 대부분 부모와 함께 있다. 나의 어린 시절을 생각하면 너무 많이 변했다. 그때는 집 밖에서 아이들이 부모와 함께 노는 모습을 거의 보지 못했다. 친구들끼리 딱지치기, 구슬치기, 술래잡기 등을 하면서 놀았다. 지금은 거의 볼 수 없는 풍경이다.

예전에 비하면 부모들은 아이들이 안전하게 보호되지 못하고 있다고 느낀다. 어쩌다 아이들의 공간인 놀이터가 부모의 보호가 없으면 안심할 수 없는 곳이 되었을까?

부모와 함께 안전교육 실천하기

부모가 직접 아이에게 안전교육을 하기는 쉽지 않다. 부모도 잘 모르기 때문이다. 오히려 아이들이 부모보다 더 잘 알 수 있다. 학교에서 의무적으로 안전교육을 하고 있으므로 아이들은 웬만한 안전지식을 습득하고 있다. 하지만 학교에서 배운 지식은 배움 자체로 끝나는 경우가 많다. 한번 배우고 나면 곧바로 잊어버린다.

학교에서 배운 안전지식을 집에서도 복습할 수 있어야 한다. 아이들에게 학교에서 배운 것을 엄마, 아빠도 배우고 싶다고 하면 적극적으로 알려준다. 아이들은 자연스럽게 복습할 기회가 생기는 것이다. 여기에 더해 집에서 피난 동선을 따라 부모와 함께 이동해본다면 이론 교육이 아닌 체험 교육이 된다.

내 아이를 지키기 위해 부모가 해야 할 일 5가지

부모의 안전교육은 아이가 어릴수록 더 효과적이다. 부모의 말을 잘 듣기 때문이다. 이때는 엄마, 아빠가 이야기하는 것을 그대로 흡수한다. 안전을 완전히 몸에 익힐 수 있도록 반복해서 알려주면 좋다.

첫째, 아이와 함께 길을 걸으면서 걷기 안전에 대해 설명한다.

함께 길을 걸을 때 부모는 길가 쪽으로 걷고 아이는 안쪽으로 걸어야 안전하다. "보행도로를 걸을 때는 항상 안쪽에서 걸어라"고 말한다. 도로를 지나가는 자동차 운전자가 졸거나 심장질환으로 정신을 잃으면 차가 보도로 올라와 사고가 날 수 있기 때문이라고 이유를 설명한다. 집에서 말로만 설명하는 것보다 실제로 밖에 나가 걸어보면서 몸에 익히는 것이 중요하다.

둘째, 부모가 모범이 된다.

횡단보도까지 돌아가기 귀찮아서 2차선 도로를 무단횡단하는 사람들이 있다. 아이의 나이가 어릴수록 부모의 행동을 보고 배운다. 내 아이들도 자주 하는 말이 있다. “아빠는 하지 않으면서 왜 우리한테 강요해.” 나는 어른이니까 괜찮지만 아이들은 안 된다는 말은 납득이 되지 않는다. 아이들은 부모의 거울이라고 하지 않던가.

셋째, 위험에 대해 과도한 공포감을 주지 않는다.

“무단횡단을 하다가 차에 치이면 죽을 수 있어”와 같이 지나치게 공포심을 주면 오히려 아이에게 악영향을 미친다. 안전교육뿐만 아니라 모든 교육이 그렇듯이 부정적인 이미지를 강조하는 것은 올바른 교육 방법이 아니다. 공포감을 주면 지나치게 안전을 신경 쓴 나머지 도리어 일상생활에 지장을 줄 수 있다. 위험 상황에서 아이가 지나치게 공포감을 느끼면 옴짝달싹도 하지 못할 수 있다.

넷째, 안전한 행동을 해야 하는 이유를 설명한다.

아무런 설명도 없이 무작정 “이렇게 해”라고 강요한다면 아이는 전혀 이해하지 못한다. 이럴 때는 어떤 위험이 있고, 이런 위험을 피하기 위해서는 어떻게 행동해야 하며, 사고가 나면 어떻게 조치해야 하는지 하나하나 설명해야 한다. 학교에서 배운 내용

중 이해하지 않고 무작정 외우기만 한 것들은 대부분 잊어버리듯이 안전한 행동도 마찬가지다.

다섯째, 불안전한 행동을 심하게 나무라지 않는다.

어른들도 실수를 자주 한다. 아이들은 말할 것도 없다. 아이가 실수로 불안전한 행동을 했다 하더라도 혼내거나 몰아세우면 안 된다. 아이에게 "또 그럴 줄 알았어"라고 비난한다면 아이들은 자신이 한 행동을 숨기려 할 것이다. 안전 행은 한 번에 이루어질 수 없다. 부모가 아이와 함께 반복적으로 이야기하며 지켜나가는 것이 중요하다.

부모가 먼저 안전하게 행동하자

세상은 무서울 정도로 빨리 변화한다. 지금 습득한 지식이 내일이면 구식이 되어 쓸모없어지기도 한다. 새로운 기술이 나오듯이 새로운 위험도 함께 나타난다. 하지만 우리 부모는 태풍, 지진과 같은 전통적인 자연재해뿐만 아니라 여러 가지 복잡한 원인으로 발생하는 화재와 같은 사회 재난에도 무관심하다.

그렇다면 부모는 위험을 어떻게 인지하고 안전한 행동을 해야 할까? 모든 것이 그렇듯이 항상 기본부터 지키는 것이 중요하다.

운전하다 보면 가끔 아이들이 "아빠, 빨간불인데 왜 그냥 가?"라고 묻는다. 아이들 앞에서는 조심하려고 해도 나도 모르게 운전 습관이 나온다.

대개 동네 2차선 도로에서는 별 생각없이 무단횡단하는 사람들이 많다. 이 또한 기본을 지키지 않는 것이다. 특히 아이와 함께 걸어다닐 때는 자신도 모르게 무단횡단을 하는 일이 없도록 주의해야 한다.

나는 가끔 아이들에게만 안전을 바라고 나의 안전은 등한시하는 것은 아닌지 생각해본다. 아마 나도 모르게 튀어나오는 안전 불감증을 아이들도 분명 느끼고 있을 것이다. 아이들은 아무것도 모를 것 같지만 사실 많은 것을 알고 있다. 진정 아이들이 안전하게 생활하기를 바란다면 부모인 나부터 실천해야 한다.

3장

WARNING

가정에서 실천하는 위험 회피 교육

아이들의 위험 1순위, 가정의 안전

앞에서도 말했듯이 아이들이 가장 많이 다치는 장소가 바로 집 안이다. 부모의 눈높이와 어린아이의 눈높이는 다를 수밖에 없다. 아이는 어른보다 키가 작기 때문이다. 어른의 시선으로 위험성을 판단하고 아이들에게 주의를 주는 것은 아닌지 생각해봐야 한다. 아이가 부모에게 안기거나 업혀 있으면 주위가 새롭게 보인다. 어른의 눈높이로 보기 때문이다.

반대로 부모가 아이의 시선으로 집 안을 보면 위험의 요인이 달라진다. 어른에게는 손이 가기 편한 위치에 문손잡이가 있지만, 아이에게는 눈이나 얼굴을 찌르는 위치가 될 수 있다. 책상이나 식탁 모서리에 아이가 다칠 수도 있다. 어른에게는 편리한 것들이 아이에게는 흉기가 되기도 한다.

집에서 가장 위험한 가구

집 안에는 가구가 참 많다. 안방에는 침대, 장롱, 화장대, 아이방에는 침대, 책장, 책상, 옷장, 피아노 등이 있다. 거실에는 TV, 장식장, 소파 등이 있다. 가구는 없어서는 안 되는 필수품이다. 그런 가구가 아이에게는 치명적인 위험 요인이라면 믿을 수 있겠는가? 한국소비자원의 〈2018년 어린이 안전사고 동향 분석〉을 보면, 최근 5년간 어린이 안전사고 유발 물품 중에 가장 많은 것이 가구였다. 매일 잠을 자는 침대, 아이들 책을 놓아두는 책장, 학교 가기 전 옷을 입기 위해 여는 옷장 등에 많이 다치는 것이다. 가구의 위험으로부터 아이들을 지키는 3가지 방법을 제안한다.

안전한 가구를 선택하라

가구를 새로 구입할 때는 안전을 최우선으로 고려하자. 가구 모서리에 찔리거나 부딪쳐서 다치지 않도록 둥근 모양을 선택하자. 가구 소재도 너무 단단한 것보다 표면이 매끄러운 것을 고르는 것이 좋다. 이미 자리 잡고 있는 가구라면 아이들이 부딪칠 위험이 있는 부분에 보호대를 부착하는 것도 한 방법이다. 아이들이 자란 후에 보호대를 떼어내면 된다.

가구를 벽에 고정하라

아이들은 원래 높이 올라가는 것을 좋아한다. 가구를 타고 올라가는 것도 예외가 아니다. 손이 닿지 않는 높이에 꽂혀 있는 책을 꺼내려고, 특히 우리 집 아이처럼 과자나 초콜릿을 꺼내기 위해 무조건 올라가기도 한다.

우리나라 아이들만 그런 것이 아니다. 미국의 소비자보호원은 TV, 장식장, 책장 같은 가구를 벽에 고정할 것을 권고하고 있다. 미국에서도 2주일에 1명꼴로 아이들이 타고 오르던 가구가 넘어지면서 그 밑에 깔리는 사고가 발생한다.

가구를 벽에 고정하는 것이 중요하다. 벽에 가구를 고정하기는 쉽지 않지만 그렇다고 아주 어려운 것도 아니다. 직접 할 수 없다면 가구를 살 때 판매업체에 요청하면 된다. 기존에 설치된 가구라면 이케아, 건축자재 매장, 인테리어 업체에서 가구 고정 용구를 구매하면 된다. 고정 용구를 부착하는 방법은 인터넷이나 유튜브 동영상으로 쉽게 배울 수 있다.

아이가 가구 안에 숨지 않도록 하라

아이들은 밀폐된 곳에 들어가 숨는 것을 무척 좋아한다. 나도 어린 시절 장롱 속에 숨는 것을 좋아했다. 특히 숨바꼭질을 할 때 닫힌 공간은 아이들에게 너무도 매력적인 장소다. 하지만 밀폐된 곳은 위험하다. 게다가 장롱 속에 쌓인 이불 위에 올라가면 미끄러져 떨어질 수 있다.

수납장은 너무 밀폐되어 공기가 통하지 않을 수 있다. 드럼세탁기에 들어가면 바깥 소리가 들리지 않을 뿐 아니라 공기도 통하지 않는다. 2020년 2월에는 7세 아이가 드럼세탁기에 들어갔다가 숨지는 사고도 있었다.

지식경제부 기술표준원의 세탁기 안전기준에 따르면 세탁기는 일정 정도의 힘을 가하면 문이 열리도록 설계해야 한다. 하지만 안전기준이 마련되기 전에 생산된 세탁기는 여전히 위험 수준이 높다. 일반적으로 가전제품의 사용 기간이 10년 이상인 것을 감안하면 아이에게 안전교육이 절실하다.

그뿐만 아니라 부모보다 힘이 없는 아이는 여전히 위험에 노출되어 있다고 할 수 있다. 따라서 아이들이 밀폐된 장소에 들어가지 않도록 평소에 주의를 주어야 한다.

집에서 뛰지 않기

아파트에 살다 보면 간혹 아래층에서 전화가 온다. 아이들이 너무 뛰어서 울린다는 것이다. 나는 죄송하다며 아이에게 주의를 주겠다고 말한다. 그런데 아이에게 뛰지 말라고 하면 뛰지 않을까? 절대 그렇지 않다. 아이들에게 필요한 열량은 성인에게 결코 뒤지지 않는다. 아이가 먹은 음식은 에너지로 쌓이고, 그것을 어딘가에 분출해야 한다. 아이들이 날뛰듯 하는 이유가 여기에 있다. 어떨 때는 아이가 가만히 있으면 어디 아픈 게 아닌가 하는 생각이 들 정도다. 아이가 아프면 뛰어다녀도 좋으니 아프지만 않았으면 하는 생각도 든다.

집 안에서 뛰다가 다칠 수 있는 공간을 보자. 우리 아이들도 침대와 소파에서 트램펄린처럼 방방 뛰는 것을 좋아한다. 그럴 때마다 나는 불안함을 느낀다. 하지 말라고 하면 처음에는 듣는 척하더니 이내 다시 방방 뛴다. 그러다 어느 순간 '쿵' 하는 소리와 함께 울음소리가 터진다.

벽이나 모서리에 부딪치기도 하고 문턱에 걸려 넘어질 때도 있다. 특히 발코니의 투명 유리문을 보지 못하고 부딪치면 이가 부러지거나 깨진 유리조각에 베이기도 한다. 아이들을 전혀 뛰지 못하게 할 수는 없다. 다만 자주 주의를 주고, 되도록 밖에서 뛰어놀라고 지도하는 것이 좋다.

뜨거운 물건 조심하기

한국소비자원에 따르면 어린이가 화상을 입는 사고는 한 해 700건 정도라고 한다. 이 중 발달 단계별로 발생률을 구분하면 걸음마기(만 1~3세) 59.6%, 영아기(생후~12개월) 20.2% 순으로 나타났다. 화상을 입은 어린이 대부분이 매우 어린 나이인 걸음마기와 영아기에 집중되어 무려 79.8%를 차지했다. 아이가 어릴수록 화상을 더 많이 입는다. 화상을 입힌 물건으로는 주방가전(38.6%), 생활가전(14.5%), 식기·접시·컵(12.5) 순이었다.

화상을 가장 많이 입는 시기는 걸음마기인 만 1~3세다. 이 시기에는 신체 균형이 발달하고 안정적인 자세를 유지하기 시작한다. 운동 능력이 향상되어 뛰거나 계단 오르기가 가능하다. 우리 첫아이도 이 시기에는 길을 가다 계단만 보면 뛰어가곤 했다. 계단 오르는 것을 너무 좋아해서 아이를 계속 따라다녔다.

어린이 화상 사고를 가장 많이 일으키는 물건은 가전제품이다. 특히 취사 중 소리가 나는 전기밥솥은 호기심이 왕성한 아이들의 관심을 끌기에 충분하다. 더구나 증기까지 뿜어 나오면 아이들은 증기 배출구에 손을 댔다가 화상을 입을 수 있다. 전기밥솥은 반드시 어린아이들의 손이 닿지 않는 곳에 두어야 한다. 그리고 아이에게 작동 중에는 가까이 가거나 만지지 않아야 한다고 반복적으로 교육해야 한다.

정수기도 버튼이 많고 불이 들어와서 아이들이 호기심을 가지기에 충분하다. 특히 온수 버튼을 누르면 뜨거운 물이 떨어져 화상을 입는다. 온수의 온도는 대략 85℃로 아이들 피부에 1초만 닿아도 2도 화상을 일으킬 수 있다. 2도 화상은 피부가 부어오르고 물집이 생기며 매우 강한 통증을 일으킨다. 정수기의 온수 출구에는 반드시 이중 안전장치를 설치해야 한다. 그것이 없다면 정수기의 온수를 잠가두어야 한다.

다리미는 아이들의 눈에 띄지 않는 곳에 놔둔다. 다림질을 하고 있을 때는 아이가 가까이 오지 못하도록 주의를 준다. 다림질을 하다가 휴대폰이 울린다거나 급히 해야 할 일이 생기면 어른들은 다리미를 까맣게 잊어버리곤 한다. 또한 사용하고 나서 식히려고 놓아둔 다리미에 아이들이 데일 수 있다. 따라서 다리미를 사용한 후에는 아이의 손이 닿지 않는 곳에 올려두거나 물수건으로 다리미를 빨리 식혀야 한다.

뜨거운 국이나 자주 마시는 커피에 아이들이 화상을 입기도 한다. 튀어나온 냄비 손잡이를 보면 아이들은 만지고 싶은 욕구가 생긴다. 조리 후에는 반드시 손잡이를 안쪽으로 돌려놓아야 한다.

나와 아내는 주말에 느지막이 아침을 먹고 커피 한잔을 마신다. 아직 마시지 않은 뜨거운 커피 잔을 테이블 가장자리에 올려

놓으면 아이가 만지다가 데이거나 떨어져서 깨질 수 있다. 커피는 되도록 빨리 마시는 것이 좋다. 그렇지 않으면 테이블 가장자리에서 멀리 떨어뜨려 놓아두어야 한다. 주말에 집에서 즐기는 커피 한잔의 여유, 아이들이 어느 정도 클 때까지 늦추는 것은 어떨까?

화재로부터 아이를 보호하자, 화재 안전

화재는 불로 인한 사고다. 불은 집 안을 따뜻하게 데우거나 음식을 요리할 때도 없어서는 안 된다. 하지만 불은 인간의 관리 범위를 벗어나면 재앙이 된다.

화재가 가장 많이 발생하는 곳은 어디일까? 소방청의 《2018년도 화재통계연감》에 따르면 2009년부터 2018년까지 10년간 전체 화재 건수는 43만 3,736건이었고, 이 중 주거시설에서 발생한 화재가 26%인 11만 1,963건으로 가장 많았다.

주거시설이란 아파트, 연립주택, 다가구주택, 단독주택 등을 말한다. 바로 아이가 생활하는 우리 집이 화재 발생 빈도가 가장 높은 곳이다. 화재로부터 아이들을 보호하기 위해서는 화재가 발생했을 때 행동 요령을 잘 알고 있어야 한다.

소화기 사용법을 익혀두자

화재 초기에 소화기를 활용하는 것이 매우 중요하다. 소화기 하나가 소방차 한 대의 효과를 발휘한다는 얘기도 있다. 심지어 소방차 10대와 맞먹는다고 말하기도 한다. 화재를 초기에 진압하지 못한다면 불이 확대되어 소방차 10대로도 부족할 수 있다는 말이다. 아이들은 유치원이나 학교에서 소화기 사용법을 배운다. 그러나 안전교육이 이론 수업에 그치는 경우가 많다. 안전교육은 무엇보다 체험 중심이 되어야 한다.

소화기를 직접 사용해본 아이들은 극소수에 불과하다. 안전교육을 통해 배우기는 했는데 정작 화재가 발생했을 때는 소화기를 사용하지 못한다. 우리 부모들도 다를 바 없다. 아마도 소화기 사용법을 아이들보다 더 모를 것이다. 배운 적이 없기 때문이다.

대부분의 매뉴얼에서 안내하는 소화기 사용법은 다음과 같다.

첫째, 소화기를 들고 안전핀을 뽑는다.

둘째, 바람을 등지고 호스를 불 쪽으로 향한다.

셋째, 손잡이를 움켜쥔다.

넷째, 빗자루를 쓸듯이 분사한다.

글로 읽는 것만으로 사용법을 익힐 수 있겠는가? 소방 엔지니어인 나도 어렵게 느껴진다. 사실상 사용법은 아주 단순하다. 안전핀을 뽑고 손잡이를 누르기만 하면 된다. 이때 한 가지 주의할 점은 급한 마음에 손잡이를 누른 상태에서 안전핀을 뽑으면 안 된다는 것이다.

가장 중요한 것은 소화기를 직접 사용해보는 것이다. 집에서 연습하면 소화기의 분말이 뿜어져 나와 집안이 난장판이 될 수 있다. 안전체험관에 가서 소화기를 사용해볼 것을 추천한다.

주방에서 식용유 사용에 주의하자

우리 주변에서 화재가 일어나는 원인은 무엇일까? 소방청의 《2018년도 화재통계연감》에 따르면 화재 원인 1위는 부주의이며, 2위는 전기다. 그럼 부주의는 무엇인가? 부주의는 말 그대로 조심스럽지 않은 행동으로 인한 사고다. 주의를 기울였다면 일어나지 않을 화재인 것이다. 부주의 요소로는 담배꽁초, 음식물 조리, 불장난, 빨래 삶기 등이 있다.

식용유 화재 방지법

추석이나 설 같은 명절에는 가족이 모여 맛있는 음식을 나눈다. 특히 고소한 기름 냄새가 풍기는 전은 빼놓을 수 없는 음식이다. 하지만 명절 음식으로 인해 평소보다 화재가 더 많이 일어나는 것은 잘 모른다.

명절 때 많이 먹는 전이나 튀김 요리는 식용유를 사용한다. 건강에 대한 관심이 높아짐에 따라 최근에는 올리브유, 포도씨유, 현미유, 카놀라유 등 종류도 다양하다. 문제는 식용유가 사실상 매우 위험한 물질이라는 것이다. 일반적으로 유류(기름 종류)는 인화점과 발화점이 있다. 모두 불이 나는 온도를 뜻한다. 인화점은 불꽃이 있을 때의 온도이며, 발화점은 불꽃 없이 유류의 온도를 높였을 때 불이 붙는 온도를 말한다.

휘발유와 같은 일반 유류는 발화점이 인화점보다 높기 때문에 소화기로 불을 끄면 된다. 하지만 식용유는 발화점과 인화점이 거의 같다. 소화기로 뿜었을 때는 불꽃이 사라지지만 뒤돌아서면 다시 '펑' 하고 불꽃이 되살아난다. 불이 꺼졌다고 안심하면 안 된다는 의미다.

2017년부터 음식점 주방에는 주방용 소화기 설치를 법제화하고 있다. 아파트는 주방자동소화장치 설치를 의무화하고 있다. 하지만 일반 주택에는 적용되지 않고, 어른들도 이런 식용유의

특징을 알지 못한다. 그러면 식용유 화재를 방지하기 위해 무엇을 해야 할까?

주방용 소화기를 비치하는 것이 가장 좋다. 이것이 여의치 않으면 소화 방법을 잘 알고 있어야 한다. 가장 중요한 것은 식용유의 온도를 낮추는 것이다. 이것을 냉각소화라고 한다. 식용유의 온도를 낮춰 발화점 이하의 온도로 만드는 것이다.

불이 붙은 식용유에 상추나 배추와 같은 채소를 놓으면 효과가 있고 젖은 물수건도 가능하다. 공기 중에 있는 산소를 차단하고, 질식소화 효과도 일부 있다. 이때 꼭 명심해야 할 점이 있다. 절대 물을 뿌리지 말아야 한다. 물을 뿌리면 불에 의해 수분이 증발되면서 불기둥이 생겨 급격하게 확산된다.

안전하게 탈출하기

불이 나면 건물 밖으로 탈출해야 한다. 큰 건물은 화재감지기가 작동해 자동으로 비상벨이 울려 화재 상황을 알린다. 하지만 작은 건물이나 큰 건물은 화재 감지 설비가 부실한 경우가 많아 화재 발생을 알리는 시간이 지연될 수 있다. 일단 불이 나면 "불이야!"라고 큰 소리로 외쳐 주위에 알려야 한다. 그리고 비상벨(발신기라고 한다)을 눌러 화재 상황을 전파한 다음 119에 전화해서 화재 신고를 한다.

평소에 훈련이 잘되어 있다면 소화기로 불을 끄자. 초기 소화에 실패하면 얼른 건물 밖으로 나와야 한다. 불이 났을 때 대부분의 사람들은 연기를 마시고 질식해서 죽는다. 불이 타면서 나온 연기에는 일산화탄소가 포함되어 있다. 일산화탄소는 우리 몸의 산소를 운반하는 헤모글로빈과 결합하여 산소 공급을 막는다. 물에 적신 수건으로 코와 입을 막아 연기 흡입을 최소화해야 한다.

대피할 때는 엘리베이터를 타지 말아야 한다. 화재에 의한 연기는 고온으로 상승하는 힘이 있다. 특히 엘리베이터 샤프트는 연기가 상층으로 이동하는 통로가 될 수 있다. 엘리베이터를 탄다면 연기의 이동 통로에 있는 것이나 마찬가지다. 또한 화재에 의해 전원이 끊어지면 전기로 움직이는 엘리베이터가 갑자기 멈춰 갇히거나 불이 난 층에서 엘리베이터 문이 열릴 수 있다. 화재 시에는 엘리베이터를 이용하지 말고 계단으로 대피해야 한다.

비상시 인간의 기본적인 본능 중 하나가 퇴피 본능이다. 이상 상황이 발생했을 때 확인하려는 경향이 있지만, 그것이 위험하다고 판단되면 반사적으로 그 지점과 멀어지려는 본능을 말한다. 대피할 때는 주 출입구를 이용하는 것이 가장 좋은데, 주 출입구에서 화재가 발생하면 반대 방향으로 대피해야 한다.

일반적인 건물 3~10층에는 완강기가 설치되어 있다. 완강기는 벨트를 몸에 걸고 자신의 몸무게로 천천히 내려오는 비상용 기구다. 하지만 아이와 부모 모두 완강기가 있다는 것도 모를 뿐 아니라 사용법도 알지 못한다. 건물에서 완강기 연습을 하다가는 추락의 위험이 매우 높다. 안전체험관에서 완강기 사용법을 익혀 보자.

편리함과 위험의 두 얼굴,
전기 안전

전기는 편리한 생활에 큰 도움을 주는 고마운 존재다. 하지만 전기는 눈에 보이지 않고 냄새와 소리가 없어 인식하기 힘들기 때문에 부주의할 경우 아주 위험한 존재로 바뀔 수 있다. 전기기구 및 배선으로 인해 화재, 감전, 화상 등이 발생할 수 있다.

한국전기안전공사에서 발행한 《2017년 전기재해분석집》에 따르면 전기로 인한 화재가 가장 많이 일어나는 곳은 주거 공간이다. 보통 공장에서 전기를 많이 사용하므로 산업시설이 아닐까 생각하는데, 부모와 아이가 생활하는 가정에서 많이 발생한다고 한다. 앞에서 언급했듯이 《2018년도 화재통계연감》(소방청)에서도 화재 원인 중 전기가 부주의에 이어 2위였다.

문어발식 콘센트 금지

멀티탭은 여러 개의 전자제품을 하나의 콘센트에 연결하여 사용하는 도구다. 보통 가정에서는 2~6구의 멀티탭을 사용한다. 멀티탭별로 정격전력이라는 것이 있다. 정격전력은 해당 멀티탭이 사용할 수 있는 용량을 말한다. 다시 말하면 정격전력 이하의 용량에서 사용해야 하고, 그 이상의 용량에서는 과전류가 흘러 화재의 위험성이 높아진다.

전기제품마다 소비전력이라는 것이 있다. 휴대폰 충전기처럼 소비전력이 낮은 제품은 여러 개 사용해도 된다. 하지만 전기장판, 전자레인지, 전기히터와 같이 소비전력이 높은 전기제품을 하나의 멀티탭에 꽂아서 사용하면 정격전력을 초과할 수 있다. 멀티탭 용량과 전기제품마다 소비전력을 일일이 확인하기는 쉽지 않다. 따라서 하나의 멀티탭에 여러 개의 플러그를 꽂는 것은 피하는 것이 좋다.

아이들이 콘센트에 철사, 가위, 송곳, 젓가락 같은 이물질을 넣지 않도록 주의를 줘야 한다. 나도 초등학교 시절 호기심으로 콘센트에 젓가락을 넣었다가 전기 맛을 본 적 있다. 또한 아이가 손을 씻고 물기가 남아 있는 상태에서 전기 스위치나 콘센트를 만지지 않도록 해야 한다. 물은 전기가 잘 흐르는 성질이 있다. 방 안의 습도 조절을 위해 사용하는 가습기도 전기제품 주위에 두지 말아야 한다.

콘센트 위에 먼지가 수북이 쌓인 경우도 있는데, 먼지가 합선을 일으켜 화재가 발생할 수 있다. 먼지 속에는 수분도 일정 부분 존재한다. 이런 먼지가 콘센트에 쌓이면 전기가 먼지를 타고 흘러 합선을 일으켜 열이 발생하고 작은 먼지 입자에 쉽게 불이 옮겨 붙어 화재가 급속히 확산된다. 따라서 콘센트와 전기제품의 먼지는 마른걸레로 자주 닦아주어야 한다.

전기제품 사고에 대비하기

전기제품에 화재가 나면 어떻게 해야 할까? 우선 플러그를 뽑아서 전기를 차단하는 것이 중요하다. 그리고 담요나 이불로 전기제품을 꽁꽁 덮어서 공기를 차단한다. 이것을 질식소화라고 한다. 주의할 것은 절대 물을 끼얹으면 안 된다는 것이다. 물은 전기가 통하는 물질이므로 감전 위험이 있다.

아이들이 감전된다면 부모는 이성을 잃을 수 있다. 급한 마음에 감전된 아이를 맨손으로 만지면 부모까지 감전될 수 있다. 감전된 아이를 떼어놓을 경우 반드시 고무장갑이나 나무막대기 같은 전기가 통하지 않는 물건을 이용해야 한다.

전기제품을 살 때는 전기 안전마크가 있는지 확인하자. 지난

겨울, 아내는 인터넷으로 크리스마스트리를 샀다. 크리스마스트리에는 장식용 전구가 포함되어 있었다. 택배로 주문한 크리스마스트리가 도착했을 때 내가 가장 먼저 확인한 것은 안전인증이었다. 가격이 저렴한 중국 제품을 샀다가 불이 난 뉴스를 심심치 않게 보았기 때문이다. KC 마크가 있는지 확인하고 설명서대로 사용하는 것이 안전하다.

전기(온수)매트의 안전한 사용

저온화상이라는 것이 있다. 일반적인 화상은 피부가 고온에 접촉했을 때 일어난다. 고온에 화상을 입는 것은 당연한데, 저온에서 어떻게 화상을 입을까? 장시간 스마트폰을 사용하다 기기가 가열되어 화상을 입는 경우가 이에 해당된다.

겨울철 퇴근하고 뜨끈한 온수 매트나 전기장판에 몸을 데우며 피로를 푸는 사람들이 있다. 한국 사람은 뜨겁게 지져야 피로가 풀린다고 한다. 이러한 온수 매트나 전기장판에 장시간 피부가 노출되면 저온화상을 입을 수 있다. 낮은 온도에 오랜 시간 노출되어 생기는 저온화상은 알아차리기 어렵기 때문에 피해가 크다. 대부분의 사람들은 저온화상을 입기 전에 몸을 움직이지만 잠이 들면 몸을 움직이지 못한다. 아이들은 어떨까? 특히 영아의 경우 스스로 몸을 움직이지 못해 저온화상이 생기기 쉽다. 아이가 12개월 이하라면 전기장판이나 온수 매트 사용을 자제할 필요가 있다.

전기장판 보관 방법도 중요하다. 겨울이 지나면 집 안 어딘가에 전기장판을 보관해야 한다. 전기장판은 이불을 개듯이 접어서 보관하면 안 된다. 전기장판 속의 전선이 접혀 끊어질 수 있으며, 눌린 전선에서 저항이 커져 화재가 발생할 수 있다. 따라서 둘둘 말거나 제품설명서에 나와 있는 보관 방법을 참고해야 한다.

전기장판이나 온수 매트는 저온화상 이외에도 여러 가지 사고를 일으킬 수 있다. 일가족이 전기장판에서 탄화한 유독가스에 질식한 사고도 있다. 2015년 익산에서는 고층 아파트에서 전기장판으로 인한 화재가 발생해 부모와 두 딸이 연기를 흡입하여 병원에서 치료받은 사례가 있었다.

자연재해에 대비한 행동지침

자연재난은 지진, 홍수, 태풍, 가뭄 등 자연현상에 의해 인명 피해와 재산 손실을 입는 것을 말한다. 특히 자연재난은 정부 차원에서 극복 노력을 기울이고 있음에도 불구하고 해마다 반복되고 있다.

다행히 자연재난에 대한 대응체계가 점점 발전되어 과거에 비하면 인명 피해나 재산 피해가 줄어들었다. 하지만 여전히 많은 사람들이 자연재난으로 죽거나 다친다.

소중한 사람을 잃어본 적이 있는가? 상상만해도 말로 표현할 수 없을 정도로 매우 슬픈 일이다. 더구나 미리 대비했더라면 지킬 수 있었던 생명을 잃는다면 더욱 안타깝다. 소중한 우리 아이를 위해 지금이라도 재난 대비 훈련이 필요하다.

매년 반복되는 풍수재해에 대비하라

우리나라에 태풍이 얼마나 자주 올까? 매년 여름철만 되면 방송에서는 태풍의 이동 경로를 예측하여 보도한다. 우리나라는 물론 미국과 일본의 태풍 예상 경로를 비교하기도 한다. 태풍의 경로를 미리 알고 대비하면 피해 규모가 달라진다.

태풍이 우리나라의 내륙을 관통하면 매우 큰 피해를 입는다. 2011년에 기상청이 발행한 《태풍백서》에 따르면 1904년부터 2010년까지 107년 동안 우리나라에 영향을 미친 크고 작은 태풍의 수는 모두 327개다. 매년 3개 정도의 태풍이 우리나라에 오는 셈이다.

집에서 태풍에 대비하기

태풍은 많은 비와 강풍을 몰고 올 때가 많다. 강풍으로 인해 상가의 간판이 떨어지면 그 밑을 지나가는 사람이 맞아 다칠 수 있다. 바람에 의한 흙먼지가 눈에 들어갈 수도 있다. 따라서 강풍이 예고되면 밖에 나가는 것을 삼가야 한다.

강풍에 현관문이나 창문의 유리가 깨질 수 있으니 강풍이 불면

완전히 닫아야 한다. 창에 젖은 신문지나 테이프를 유리에 붙여서 단단히 고정하는 것이 좋다. 발코니에 있는 화분도 실내로 옮겨놓는다. 바람에 의해 떨어질 수 있기 때문이다. 그리고 폭우나 강풍에 의해 전기 공급이 차단되는 경우도 있으니 손전등도 미리 준비하자.

위험이 닥치기 전에 대피 준비

태풍이 한반도를 관통하거나 영향력을 줄 수 있는 경우 각 지자체, 정부 그리고 방송사는 실시간으로 이동 경로를 확인하고, 위험하다고 판단되면 대피 권고를 내린다. 따라서 TV, 라디오 및 인터넷으로 위험 상황을 체크해야 한다.

대피 권고가 내려지면 현재 상황이 매우 위험하다는 의미다. 대피할 때는 위기감을 가지고 조심조심 이동해야 한다. 대피는 빨리하는 것도 중요하지만 상황을 보면서 조절해야 한다. 다음은 4가지 안전 대피 요령이다.

첫째, 되도록 편한 차림을 한다.

비로 인한 침수 지역을 지나갈 때는 장화나 간편한 샌들을 신는 경우가 많다. 장화는 입구가 높고 방수가 되어 비 올 때 매우 유리하다. 하지만 장화는 한번 물이 들어가면 무거워지는 단점이 있어 걸어가기 힘들다. 샌들은 쉽게 벗겨지는 것이 문제다. 혼탁한 물속에서 샌들이 벗겨지면 찾기도 어렵고 발이 이물질에 의해 다칠 수 있다.

장화나 샌들보다 운동화를 신고 대피하는 것이 좋다. 그리고 머리를 보호하기 위해 안전모를 쓰고 대피하자. 요즘 많은 아이들이 인라인스케이트용이나 자전거용 안전모를 가지고 있다. 대피 시에 안전모를 쓰거나 없다면 방석 또는 가방 등으로 머리를 보호하며 이동하자.

둘째, 여러 사람들과 같이 행동한다.

혼자 대피하는 것은 위험하다. 부모와 아이 모두 같이 대피해야 한다. 몸이 불편한 할아버지, 할머니가 있다면 협력해서 안전을 확보해야 한다.

셋째, 이웃과 함께 대피한다.

대피 권고를 전달받지 못한 사람들도 있을 것이다. 나와 우리아이가 소중하듯이 이웃에게도 위험 상황을 알려 함께 대피하자.

넷째, 수심 50cm 이하만 통과한다.

폭우로 인해 도시 곳곳이 침수되면 매우 위험하다. 수심이

50cm 이상인 곳을 걸어가면 물살에 휩쓸릴 수 있다. 이런 경우에는 대피보다 집에서 가장 높은 곳이나 주위의 높은 건물로 대피하는 것이 좋다.

지진 위험 대비하기

아직도 우리나라가 지진 안전지대라고 생각하는가? 2016년 경주지진이 일어나기 전까지 대부분의 사람들은 지진에 대한 위험을 신경 쓰지 않았다.

하지만 2017년 포항지진까지 겪으면서 우리나라가 더 이상 지진 안전지대라고 생각하지 않게 되었다. 왜 대형 지진이 나기 전에는 지진의 위험성을 알지 못했을까? 지진을 경험해보지 못했기 때문이다.

우리나라도 지진에 대한 역사적 기록이 많이 남아 있다. 김부식이 쓴 《삼국사기》에는 88건, 《조선왕조실록》에는 약 1,800여 건의 지진 기록이 있다. 이렇듯 한반도는 지진으로부터 자유롭지 않았다. 지진에 대비한 교육이 나와 아이들의 생사를 가를 수 있다.

지진 대비를 위해서는 반드시 다음 5가지 사항을 유의해야 한다.

첫째, 머리를 보호하자.

쿠션, 방석, 가방 등으로 머리를 보호하고 책상처럼 단단한 곳 밑으로 들어간다. 팔이나 다리가 부러지면 생명에는 지장이 없지만 머리를 다치면 목숨을 잃을 수 있다.

둘째, 가스를 차단하자.

음식을 조리하는 중에 지진이 발생했다면 가스레인지를 끄고 밸브를 잠가야 한다. 지진 이후에 파열된 배관을 통해 가스가 새어 나와 폭발과 화재가 발생할 수 있다.

셋째, 문을 열어두자.

지진에 의한 진동으로 건물이 뒤틀릴 수 있다. 이러한 뒤틀림으로 인해 문이 열리지 않으면 안전한 곳으로 대피할 수 없다. 따라서 방문과 현관문을 열고 나서 안전한 행동을 이어가자.

넷째, 건물의 안전한 장소로 이동하자.

나와 우리 아이가 높은 책장 옆에 있다면 어떻게 될까? 진동으로 인해 책장이 넘어져 그 밑에 깔려서 생명이 위태로울 수 있다. 되도록 가구나 창문이 없는 곳으로 대피하는 것이 좋다.

다섯째, 대피 방법을 알아두자.

지진이 일어나 건물이 무너져도 안전한 집 밖의 공간을 미리 지정해두고 아이에게 지진 발생 시 그곳으로 대피하라고 교육한다. 대피 시에는 절대 엘리베이터를 타면 안 된다. 반드시 계단을 이용하자.

지진해일(쓰나미)에 대비하는 3가지 방법

우리나라는 아직도 지진에 대한 대비가 부족하다. 특히 지진해일(쓰나미)에 대한 대비는 전무하다고 할 수 있다. 우리나라에서 쓰나미가 발생한 적이 한 번도 없기 때문이다. 그럼 부모와 아이들은 지진해일을 대비하지 않아도 되는 걸까? 기상청 홈페이지에는 '과거 지진해일 사례'가 있다. 1983년과 1993년 일본에서 발생한 지진으로 울릉도, 묵호, 속초, 포항에 해일에 의한 피해가 보고되었다. 1983년에는 사망 1명, 실종 2명, 부상 2명 총 5명의 인명피해도 있었다.

국내에 지진해일에 대한 기록이 많지 않다고 해서 대비하지 않아도 되는 걸까? 그렇지 않다. 주위를 보면 많은 사람들이 해외여행을 간다. 부모와 아이들이 가족여행으로 가장 많이 가는 곳은 어디일까? 괌, 태국, 필리핀, 인도네시아, 일본 등 지진이 많이 발생하고 최근 수십 년 내에 지진해일로 많은 피해를 입었던 나라들이다.

지진해일이 나면 가장 위험한 곳이 바로 해변이다. 그러므로 지진해일에 대한 교육과 행동지침을 잘 알고 있어야 한다. 해일이 발생했을 때의 행동 지침 3가지는 다음과 같다.

첫째, 높은 곳으로 이동하라.

우리는 본능적으로 위험에서 멀어지려고 한다. 지진해일이 발생하면 되도록 해변가에서 멀리 이동하려고 할 것이다. 하지만 해일의 속도는 사람이 이동하는 속도보다 훨씬 빠르다. 멀리 가기 보다는 높은 곳으로 올라가는 것이 더 유리하다. 지진해일 위험이 있는 지역은 대피할 건물을 지정해두기도 한다. 해안가에 도착하면 대피할 수 있는 건물이나 높은 곳이 있는지 먼저 확인하자. 호텔 직원에게 대피 장소를 확인하는 것도 좋은 방법이다.

둘째, 작은 지진에도 대피하라.

지진 발생 시 진동이 미비하다고 해서 지진해일을 무시하는 경향이 있다. 작은 지진이라고 해일이 일어나지 않는 것은 아니다. 진도 3의 지진에 큰 해일이 발생한 경우도 있다. 작은 규모의 지진이라도 우선 대피해야 한다.

셋째, 자동차로 이동하는 것을 금하라.

위험 장소에서 빨리 멀어지고자 자동차로 대피하는 것이 정답일까? 자동차를 타고 가다 교통정체가 발생하면 오히려 지진해일에 휩쓸릴 수 있다. 운전 중 지진해일 경보를 접한다면 빨리 도로 가장자리에 차를 세우고 뛰어서 대피하자.

아이들에게 알려줘야 할 대피 훈련

남의 시선으로부터 자유롭게

긴급 상황에서 안전한 곳으로 대피해야 한다는 것은 누구나 알고 있다. 그런데 실제로 지진이나 화재가 일어났을 때 사람들은 신속하게 대피하는가? 우리 회사 사람들만 봐도 화재경보기가 울리면 다들 멀뚱멀뚱 쳐다보기만 한다. 화재경보기가 울리면 화재가 났다는 것인데 왜 이리 태평할까?

일본은 우리나라보다 자연재해 위험성이 높은 나라다. 일본의 한 방재전문가가 도쿄에서 방재 의식에 관해 인터뷰를 했다. 많은 사람들이 "어차피 별일 없을 텐데 혼자 수선 떨어봤자 창피할 뿐이니까요", "지진이 몇 번이나 일어나도 쓰나미가 오지 않았으니까 이번에도 괜찮을 것 같은데요"라고 답변했다. 하물며 일본보다 자연재해가 적은 우리나라 국민의 안전불감증은 어떠할지 불 보듯 뻔하다.

2011년 동일본대지진 당시 2만여 명이 사망 또는 실종되었다. 하지만 살아남은 사람의 인터뷰에 의하면 평상시 쓰나미 경보가 울렸어도 실제로 쓰나미가 오지 않았기 때문에 그때에도 평소처럼 생각했다고 한다.

우리나라에서도 소화전 비상벨이 울릴 때 사람들이 실제 화재 상황이라고 인식하지 않는 경우와 비슷하다. 하지만 동일본대지진으로 살아남은 사람들은 이렇게 증언한다.

"100번 중 99번이 빗나가도 단 한 번에 생사가 갈리기 때문에 반드시 대피해야 한다는 것을 절실히 느꼈다."

그럼 우리는 왜 비상 상황이라는 경고를 무시하고 대피하지 않는 걸까? 앞의 인터뷰에서 말했듯이 창피해서 그렇다. 왜 대피하는 것이 창피할까? 남들은 가만히 있는데 혼자 부산을 떤다고 생각하기 때문이다. 식당에서 점심을 먹을 때 각자의 취향보다 다른 사람들과 같은 것을 주문하는 경향이 있다. 어떤 사람이 넌지시 메뉴를 통일하자고 제안하면 동의해버리는 심리처럼 혼자 튀고 싶지 않기 때문이다.

명심해야 할 것은 대피는 메뉴 선택이 아니라는 것이다. 대피는 자신의 생명과 직결되어 있다. 대피 경보가 울리면 눈치 보지 않고 대피를 해야 한다. 아이들도 부모들의 대피문화를 보고 자라야 어른이 돼서도 자신을 보호하는 문화를 형성할 수 있다.

그렇다면 이번 장에서는 건물 붕괴, 선박 침몰, 지하철 화재, 그리고 비행기 사고에서 대피하는 방법을 알아보자.

붕괴되는 건물에서 탈출하는 법

건물의 붕괴는 지어진 순서와 크기와는 상관 없다. 삼풍백화점과 같이 부실공사 등과 같은 원인으로만 건물이 무너질까? 그리고 이렇게 큰 대형 건물만 무너지는 것일까? 아니다. 오래된 주택도 무너지고, 리모델링을 하던 빌라 건물도 무너진다.

주위를 둘러보자. 건물이나 지하철 공사가 얼마나 많은가? 이런 공사가 있으면 민원이 폭주한다. '건물에 금이 가고 물이 샌다', '건물이 기울었다' 등 붕괴 조짐이 나타났다는 민원이다. 어느 때는 도로에 갑자기 싱크홀이 생기는 경우도 있다. 누구도 건물 붕괴의 위험에서 자유롭지 못하다.

건물의 대피로를 미리 확인하자

건물의 구조가 단순한 경우도 있지만, 쇼핑몰, 백화점과 같은 대형 건물은 내부 구조가 미로 같다. 이런 건물에서 붕괴 조짐이 나타난다면 당황할 수밖에 없다. 그럴 때는 이성적으로 판단하기 힘들다. 아이들의 경우 더더욱 불가능하므로 평소에 대피 방법을 알아두어야 한다.

건물에 들어서면 대피로부터 확인하자

귀소본능이란 동물이 자신의 서식지나 둥지로 되돌아오는 성질을 말한다. 예를 들어 연어는 바다에서 생활하다가 자신이 태어난 강으로 돌아온다. 인간에게도 귀소본능이 있다. 비상시에 자신이 왔던 길로 되돌아가는 것이다. 더 안전하다 할지라도 평소 사용하지 않는 비상문으로는 가지 않는다.

주로 다니는 출입구뿐 아니라 평소 사용하지 않는 비상구로도 대피하는 훈련을 해야 한다. 나는 큰 건물이나 내부가 복잡한 건물에 들어서면 대피 경로를 살펴보는 경향이 있다. 그리고 출입구 방향을 한 번 쳐다본다. 이는 피난 시를 대비한 나만의 귀소본능 활용법이다. 아이들에게도 건물에 들어서면 내부를 살펴보고 미리 대피로를 생각하도록 교육하자.

건물에서 멀리 떨어지기

삼풍백화점이 무너지기 전에 여러 가지 전조 현상이 있었다.

갑자기 무너진 게 아니었다. 그중 하나가 건물 바닥이 갈라지거나 꺼진 것이었다. 벽이나 바닥에서 얼음 깨지는 소리가 날 수 있으며, 문이 뒤틀려서 잘 닫히지도 않는다. 이런 증상들을 목격하거나 느끼면 재빨리 건물 밖으로 나가야 한다. 대피 시에는 방석이나 가방으로 머리를 보호한다.

건물이 무너지면 잔해에 의해 인근 지역까지 위험할 수 있다. 건물 밖으로 나왔다면 안전한 곳까지 빨리 이동해야 한다.

무너진 건물에 갇혔을 때

건물에서 미처 빠져나오지 못했다면 최대한 편안한 자세로 구조를 기다려야 한다. 휴대전화의 신호가 잡힌다면 119에 구조 요청을 한다. 주변에 물이 있다면 구조될 때까지 적절히 조절해서 섭취한다. 물 없이는 생존할 수 없다. 삼풍백화점 붕괴 당시 생존자(최명석 11일 만에 구조, 유지환 13일 만에 구조, 박승현 17일 만에 구조)들은 소화수와 빗물로 연명했다고 한다.

침몰하는 배에서 탈출하는 법

우리는 세월호가 침몰하면서 대피 훈련에 대한 필요성을 뼈저리게 느꼈다. 많은 승객이 타는 여객선뿐 아니라 낚싯배와 스텔

라데이지호 같은 대형 화물선도 침몰했다.

침몰 조짐이 보이면 갑판으로 나온다

배에 탑승하면 갑판으로 나오는 비상구, 구명조끼, 구명정의 위치를 파악해두어야 한다. 배에서 화재가 발생하거나 침몰 위험이 있다면 구명조끼를 입고 갑판 위로 올라와야 한다. 세월호는 '대기하라'는 안내 방송을 내보내 많은 인명 피해가 발생했다. 하지만 안내 방송에 귀를 기울여야 한다. 배가 기울어지기 시작하면 반대 방향으로 이동한다. 더 이상 배에서 버틸 수 없다고 판단되면 구명보트를 타고 퇴선해야 한다.

배에서 멀리 떨어지기

배에서 탈출하면 되도록 멀리 떨어져야 한다. 배가 침몰할 때 그 주위로 바닷물이 빨려 들어가면서 휩쓸릴 수 있다. 구명보트에 올라갔다면 침몰하는 큰 배에 딸려가지 않도록 연결된 줄을 끊어야 한다.

저체온증 주의

바닷물에 젖으면 체온이 급격히 떨어진다. 저체온증이 지속되면 생명을 잃을 수 있다. 되도록 여러 사람들과 붙어 있어야 급격한 체온 하락을 지연할 수 있다.

추락하는 비행기에서 탈출하는 법

많은 사람들이 해외여행을 다니면서 비행기를 이용하는 횟수가 늘어났다. 비행기 사고는 대형 인명 피해를 내므로 평소에 각별히 안전교육에 신경 써야 한다. 비행기에 탑승하면 출발 전 승객 안전을 위한 안내 방송을 한다. 하지만 대부분의 승객들은 귀담아듣지 않는다.

부모부터 기내 안전 방송을 잘 듣고 기내에 압력이 줄어들었을 때 산소마스크를 어떻게 써야 하는지, 나와 가장 가까운 비상구는 어디인지, 구명조끼 입는 방법과 부풀리는 방법 등에 대해 아이와 이야기를 나눠보자. 사고는 언제든지 발생할 수 있기에 평소 안전의식을 가지고 있어야 한다.

모든 재난 상황에는 골든타임이 있다. 이 시간 안에 대피해야 생존 가능성이 높은 것이다. 비행기는 90초 이내에 모든 승객이 탈출하도록 설계되어 있고, 그에 따라 훈련을 한다. 비행기에서 화재나 추락 등의 비상 상황이 발생하면 기내 안전요원의 지시에 따라 대처해야 한다.

가방을 챙기는 행위는 하지 말아야 한다. 가방을 챙기다 보면 자신의 안전뿐만 아니라 대피가 늦어져 다른 승객까지 위험할 수 있다. 구명조끼는 반드시 기내 출구 앞에서 부풀린다. 좁은 비행기 안에서 부풀리면 이동하는 데 방해된다. 바다나 강에 착륙했다면 배에서 하듯이 최대한 비행기에서 멀리 떨어진다. 비행기와 함께 물속으로 빨려 들어갈 수 있기 때문이다.

위급한 순간 꼭 필요한 응급처치법

재난이 발생하면 우리는 죽거나 크게 다치는 것만 생각한다. 그러나 지진 같은 큰 재난의 발생으로 통신수단이나 사회적 인프라가 차단되면 외부의 도움을 받을 수 없는 경우가 있다. 의료진도 많은 환자를 상대하다 보니 조금 덜 다친 아이들은 방치되기도 한다. 재난 상황이 아니더라도 일상생활에서 크고 작은 사고로 아이들이 다친다. 이런 경우에 대비해 간단한 응급처치를 알아두자.

출혈

아이들이 다치는 가장 큰 원인은 미끄러지거나 넘어져서. 두 번째는 가구 모서리 등에 부딪쳐서이다. 미끄러지거나 넘어지면서 책상이나 가구 모서리에 부딪치는 경우도 많다. 이때 아이의 출혈이 심하면 당황할 수밖에 없다. 지혈 방법으로는 직접압박, 간접압박, 지혈대 3가지가 있는데, 여기서는 직접압박에 대해 알아보자.

직접압박은 거즈나 붕대 등으로 상처 부위를 압박하는 방법이다. 세균이 아이의 상처에 감염되지 않도록 손을 비닐봉지로 감싼다. 그리고 거즈나 붕대, 수건을 상처 부위에 대고 세게 누른다. 상처 부위는 심장보다 높이 올리는 것이 좋다. 다리를 다쳤다면 눕혀서 다리를 들고, 팔을 다쳤다면 팔을 올려서 처치한다.

골절

골절은 뼈가 부러지거나 금이 가는 것을 말한다. 특히 학령기의 아이들은 활발히 움직이기 때문에 골절 가능성이 매우 크다. 골절된 부위는 살짝만 눌러도 큰 통증을 느끼므로 움직이지 않게 고정하고 병원으로 이송하는 것이 매우 중요하다. 부목(나무, 우산, 막대, 두꺼운 종이 등)을 이용하여 골절 부위가 움직이지 못하도록 묶는다. 너무 세게 묶으면 혈액순환이 되지 않는다는 점도 주의한다. 골절 부위는 대부분 부어오르니 냉찜질을 하면 도움이 된다.

심폐정지

질병관리본부의 통계 자료에 따르면 우리나라에서 갑자기 심정지로 쓰러지는 환자가 매년 3만 명 정도다. 이렇게 쓰러진 환자 중 병원으로 이송되어 살아남는 사람은 2012년 4.4%에서 2017년 8.7% 수준으로 꾸준히 증가했다. 아직은 부족하지만 점점 선진국 수준에 근접하고 있다.

일반인의 심폐소생술도 2012년 6.9%에서 2017년 21%로 해마다 증가했다. 학교나 정부에서 꾸준히 교육을 시행했기에 가능했으리라 생각한다. 발생 장소는 가정(50% 이상)이 가장 많았다.

심정지는 나와 아이들, 그리고 주변 사람에게도 발생할 수 있다. 심정지가 일어나면 4~5분 동안 피가 뇌로 전달되지 못해 뇌 손상을 입는다. 손상된 뇌는 원래 상태로 회복되지 않는다. 따라서 심정지가 일어나는 즉시 심폐소생술을 해야 한다.

심폐정지가 일어나고 5분 이내에 심폐소생술(CPR)과 자동심장충격기(AED, 자동제동기)로 조치할 수 있다면 사회 복귀율이 매우 높다. 실제로 119 구급대원이나 시민이 자동심장충격기를 사용해 조치한 환자의 사회복귀율은 그렇지 않은 환자보다 2배 이상 높다. 자동심장충격기 사용법과 심폐소생술을 배워두면 우리 아이뿐 아니라 다른 사람의 생명까지 구할 수 있다.

심폐소생술(C.P.R.)

심폐소생술은 멈춘 심장을 외부 자극으로 다시 뛰게 하는 것이다. 심폐소생술은 다음과 같이 6단계로 구분한다. 우리의 몸과 뇌에 익혀두도록 하자.

첫째, 환자의 반응을 살핀다.

심장질환을 가진 가족이 있다면 더욱 신경 쓴다. 우선 어깨를 가볍게 두드리며 환자의 반응을 확인한다. 1세 미만의 아이는 의사 표현을 할 수 없으니 발바닥을 때려 반응을 살핀다.

둘째, 심정지 확인 후 119에 신고한다.

환자가 의식이 없으면 큰 소리로 주변 사람에게 119에 신고하고 자동심장충격기를 갖다달라고 요청한다. 도움을 구할 때는 "거기 머리 짧은 여성분 119에 신고해주세요"와 같이 도움을 요청할 사람을 정확하게 지정해야 신속한 행동이 이루어진다.

셋째, 호흡을 확인한다.

환자의 얼굴과 가슴을 10초 이내로 관찰하여 호흡이 있는지 확인한다. 호흡이 없거나 비정상적이라면 즉시 심폐소생술을 준비한다. 아이들은 질병에 의한 심정지보다 질식에 의한 심정지가 많으므로 심폐소생술을 먼저 해야 한다.

넷째, 가슴 압박을 30회 실시한다.

압박 위치는 양쪽 젖꼭지를 잇는 선의 정중앙 바로 아랫부분이다. 깍지를 낀 두 손바닥으로 환자의 가슴을 30회 압박한다. 압박은 분당 100~120회를 유지하며, 5cm 압박 깊이로 강하게 누른다. 소아는 한 손으로 압박하며, 4cm 정도 압박 깊이로 눌러준다. 1세 미만의 영아는 몸이 작기 때문에 손가락으로 압박한다.

다섯째, 인공호흡을 2회 실시한다.

인공호흡을 시행하기 위해 먼저 환자의 머리를 젖히고 턱을 들어 올려 기도를 개방한다. 환자의 코를 막은 다음 환자의 입에 대고 가슴이 올라올 정도로 1초 동안 숨을 불어넣는다. 인공호흡 방법을 모르거나 꺼려진다면 가슴 압박만 시행한다.

여섯째, 가슴 압박과 인공호흡을 반복한다.

119 구조대원이 도착할 때까지 30회 가슴 압박과 2회 인공호흡을 반복한다. 심폐소생술은 가슴 압박을 중단하지 않고 힘차게 지속하는 것이 매우 중요하다. 10초만 가슴 압박이 되지 않아도 심폐소생술의 효과가 매우 떨어진다.

심폐소생술과 자동심장충격기 사용법을 글로만 배워서는 실제 상황에서 효과적으로 활용하기 어렵다. 인터넷에 공개된 동영상과 교육기관을 통해 좀 더 자세히 배워두는 것이 좋다.

심폐소생술과 자동심장충격기 사용법에 대한 동영상은 '질병관리본부〉알림자료〉홍보자료〉영상자료'에서 '일반인 심폐소생술 표준 교육 프로그램(기초과정)'을 참고하자. 유튜브에서 '질병관리본부 심폐소생술'을 검색하면 같은 동영상을 볼 수 있다. 영상 시간은 40분 정도이니 나와 우리 가족을 위해 시간을 내서 배우자.

심폐소생술과 자동심장충격기 사용법에 대한 교육도 여러 기관에서 운영하고 있으니 거주지 내에 개설된 교육과정이 있는지 확인한다. 대한심폐소생협회(http : //www.kacpr.org/) 홈페이지를 통해 교육기관을 검색할 수 있다. 또한 보건소에서 주민들을 위해 무료로 교육과정을 운영하고 있다.

초등학교 3학년인 둘째 아이에게 학교에서 심폐소생술을 배웠는지 물어보았다. 아이는 교육을 받았지만 생각나지 않는다고 대답했다. 교육은 반복이 중요하다. 심폐소생술과 자동심장충격기 사용법에 대한 교육은 2년에 한 번 이상 반복하는 것이 좋다. 아이와 함께 꼭 교육받아 보기 바란다.

4장

WARNING

야외활동에서 실천하는 위험 회피 교육

아이들에게 위험한 도로, 교통안전

아이들은 꿈이 참 많지만 수시로 바뀐다. 유아기 때는 피아니스트, 초등학교 저학년 때는 건축가, 조금 더 자라면 선생님, 아이들은 계속 새로운 꿈을 꾼다. 그 꿈을 단 하나도 펼쳐보지 못하고 사망하는 아이들이 1년에 몇 명이나 될까?

2018년 통계청에서 발표한 〈사망 원인 통계〉에 의하면 우리나라에서 안전사고로 사망하는 아동은 2013년부터 2017년까지 매년 200여 명이었다. 그중 교통사고로 사망한 아동은 연평균 93.2명이다. 아동 사망자의 42%로 가장 큰 비율을 차지하고 있다.

도로교통공사의 〈2018년 교통사고 통계 분석〉을 보면, 어린이 교통사고 건수(사망과 부상)는 2009년에 약 1만 5,000건이었지만

2018년에는 약 1만 건으로 해마다 줄고 있다. 하지만 2018년 한 해 동안 34명의 어린이가 교통사고로 생을 마감했다. 대부분의 아이들이 길을 걷다가 사고가 났으며, 교차로에서 가장 많은 사고를 당했다.

길에서 안전하게 걷기

어린이의 교통사고는 주로 길을 걷다가 발생한다. 도로는 여러 종류가 있다. 차도와 인도를 구분하는 경계선이 없는 도로도 있다. 인도는 차도에 비해 15~20cm 높게 설치되어 있다. 차량이 인도로 올라오지 못하도록 방지하기 위해서다. 안전한 보행을 위해서는 반드시 인도 안쪽으로 걸어야 한다.

큰 도로에는 인도가 있지만 작은 도로는 인도와 차도가 구분되지 않는다. 이런 곳에서 차에 치일 가능성이 아주 높다. 작은 도로에서는 항상 왼쪽으로 걸어야 반대편에서 마주 오는 차를 확인할 수 있다.

요즘은 모든 사람들이 스마트폰을 들고 다닌다. 고개를 숙이고 스마트폰을 들여다보면서 걷는 사람, 즉 넋 빠진 시체 걸음걸이를 하는 사람을 스마트폰 좀비(스몸비)라고 한다. 문제는 아이들 중에도 스몸비족이 많다는 것이다. 이로 인한 교통사고가 끊이지 않는다. 걸어가면서 절대로 스마트폰을 보지 않도록 하자.

아이들은 항상 어디로 튈지 모르므로 안전을 위해 손을 잡고 걸어야 한다. 하지만 아이들은 부모의 바람처럼 가만히 걷지 않는다. 갑자기 손을 뿌리치고 뛰어가서 가슴을 철렁하게 만든다. 아이들은 인도 안쪽으로 걷게 하자. 자전거 통행이 허용된 인도에서는 자전거와 부딪칠 수 있으니 안전에 더욱 유의한다.

「도로교통법」 제11조 1항은 6세 미만의 영유아를 교통이 빈번한 도로에서 보호자 없이 놀게 해서는 안 된다고 규정하고 있다. 만 6세라면 초등학교 1학년 미만의 어린이다. 법이 중요한 것이 아니다. 우리 아이의 안전을 위해 항상 부모와 동행해야 한다.

횡단보도 안전하게 건너기

초등학교 입학 전의 아이와 같이 길을 걸을 때는 반드시 손을 잡자. 육교나 지하도가 있으면 차에 치일 걱정 없이 길 반대편으로 건너갈 수 있다. 문제는 횡단보도를 건너는 것이다. 우리 아이도 4~5세 무렵 횡단보도로 갑자기 뛰어가는 바람에 가슴이 철렁했던 기억이 있다. 갑자기 튀어나온 아이를 발견하고 운전자가 급히 브레이크를 밟아도 차가 곧바로 멈추지 않는다. 아이들에게 횡단보도를 안전하게 건너는 방법을 교육해야 한다.

아이들은 유치원에서 초록불이 켜지면 길을 건넌다고 배웠다. 문제는 초록불이 켜지자마자 횡단보도를 향해 뛰어가는 것이다. 횡단보도에서는 차량이 정지선 앞에 서야 한다는 것을 누구나 알고 있을 것이다. 하지만 현실은 어떤가? 대부분의 운전자는 정지선에서 멈추지 않고 지나간다. 직진 신호가 적색 신호로 바뀌기 전 황색 신호일 때 오히려 속도를 더 낸다. 이때 아이들이 튀어나오면 멈추지 못하고 아이를 치는 것이다.

아이와 길을 건너기 전에 한 발짝 물러나서 기다리자. 초록불이 켜지면 먼저 왼쪽을 살핀 다음 오른쪽도 살핀다. 이때 "왼쪽 확인, 오른쪽 확인"이라고 하면 학습 효과가 좋다. 이렇게 말하면서 손가락으로 왼쪽을 가리켰다가 다시 오른쪽을 가리키면 머리와 몸으로 익히게 된다. 몸에 밴 습관은 안전한 길 건너기의 밑걸음이다. 차량이 완전히 멈추는 것을 확인하고 길을 건너자.

횡단보도를 다 건너기도 전에 갑자기 빨간불로 바뀌면 어떻게 해야 할까? 대부분의 사람들은 빨리 뛰어가는데, 매우 위험할 수 있다. 운전자가 보행자를 제대로 인식할 수 없기 때문이다. 이때는 차가 오는지 살피면서 손을 들고 걸어가야 안전하다. 신호등이 없는 횡단보도는 더욱더 조심해야 한다. 이때는 아이 혼자보다 주위 어른을 비롯해 여러 사람과 함께 건너는 것이 좋다.

길을 건널 때는 부모가 모범을 보이는 것이 중요하다. 나는 아이와 함께 무단횡단을 하는 부모를 목격한 적이 있다. 그 부모는 왜 그런 행동을 했을까? 차가 오지 않는 도로는 안전하다고 판단한 것이다. 이런 부모의 행동을 아이들이 그대로 보고 배운다. 커서 부모와 같은 행동을 할 가능성이 매우 크고, 이 아이는 사고 위험에 노출될 확률이 높다. 우리 아이가 사고에 취약한 아이로 자라기를 바라는가?

아이와 함께 대중교통 이용하기

사람들은 값싸고 빠른 시간에 목적지까지 갈 수 있는 대중교통을 많이 이용한다. 나 또한 대중교통을 이용해 출퇴근을 한다. 대중교통을 이용하기에 앞서 예절과 공중도덕을 아이에게 가르쳐야 한다. 아이들은 지하철 손잡이에 매달리거나 여기저기를 뛰어다닌다. 이런 경우 아이의 안전도 문제이지만 다른 사람들에게 불편을 준다.

버스나 지하철을 기다릴 때는 안전선 안에 서야 한다. 지하철은 스크린도어가 설치되어 있어서 그나마 안전하다. 그러나 버스 정류장에서는 사람들이 무작정 차도로 내려가서 버스를 향해 뛰어가곤 한다. 이런 사람들을 볼 때마다 행여나 버스와 충돌할까 봐 불안하다. 우리 아이가 이런 행동을 한다면 괜찮을까? 아이에게 주의를 주지 않으면 잘못된 행동을 따라할 수 있다.

모든 물체는 그대로 유지하려는 성질을 가지는데, 이를 '관성의 법칙'이라고 한다. 관성이란 정지한 물체는 계속 정지해 있으려 하고, 움직이는 물체는 계속 움직이려고 하는 성질이다. 버스가 갑자기 출발하면 우리 몸은 뒤로 당겨진다. 버스는 앞으로 가는데 우리의 몸은 관성의 법칙에 따라 가만히 있으려고 하기 때문이다. 버스가 급커브를 하면 모든 승객이 한쪽으로 쏠리는 것도 같은 현상이다. 버스가 갑자기 멈춰도 승객의 몸이 앞으로 쏠린다. 따라서 버스가 출발하거나 급커브 또는 급정지를 할 때 넘어질 수 있으니 반드시 손잡이를 잡아야 한다.

아이들은 바람을 좋아한다. 버스에 타면 아이들은 창문을 열고 머리나 팔을 창밖으로 내밀 수 있다. 그러다 옆을 지나가는 자동차나 튀어나온 나뭇가지에 부딪쳐 크게 다칠 위험이 있다. 차창 밖으로 몸을 내미는 행동은 절대 해서는 안 된다.

탈것 안전하게 이용하기

아이가 유아기일 때는 집에 붕붕카처럼 발로 움직이며 타는 장난감들이 많다. 아이가 성장함에 따라 바퀴 달린 탈것들은 점점 커지고 빨라진다. 하지만 바퀴 달린 놀이기구는 속도가 매우 빨라 아이들이 다치기 쉽다. 아이들은 빨리 달리고 싶은 욕구는 강하지만 멈추는 기술은 미숙하다.

한국소비자원의 조사에 의하면 학령기(7~14세) 어린이가 가장 많이 다치는 품목으로 놀이터 시설에 이어 자전거가 2위에 꼽혔다. 학령기에는 다른 발달 단계에 비해 논리적 사고와 정교한 움직임이 가능하다. 뼈와 근육의 발달로 운동 능력이 향상되기 때문이다. 이 시기의 어린이는 잠재된 에너지를 발산하는 반면 위험에 대한 판단이 어려워 사고 확률이 높을 수밖에 없다.

놀이기구는 아이 체형에 맞게 조절하라

바퀴 달린 놀이기구에는 어떤 것들이 있을까? 요즘 아이들이 많이 타는 것으로 인라인스케이트, 킥보드, 롱보드, 자전거 등이 있다. 바퀴 달린 놀이기구는 직접 구매도 하지만 주변에서 물려받는 경우도 있다. 물려받은 것은 아이의 몸에 맞도록 조절해야 한다. 부모가 할 수 없다면 해당 매장에 가서 요청하면 된다.

우리 아이의 첫 인라인스케이트도 지인에게 받은 것이었는데, 스케이트에 부착된 조절 장치로 아이에게 맞춘 다음에 이용했다. 아이가 불편해하거나 타는 도중 방향 전환이 수월하지 않다면 사용을 중지해야 한다. 잘 맞지 않는 것은 매우 위험하니 자전거도 아이 키에 맞춰 안장을 조절하고 발이 땅에 닿는지도 확인한다.

타기 전 안전점검하기

바퀴 달린 놀이기구에서 중요한 부품은 바퀴다. 항상 타기 전에 바퀴 상태를 점검해야 한다. 바퀴를 고정하는 볼트 사이에 이물질이 끼어 있는지, 바퀴의 마모 상태는 양호한지, 자전거는 타이어를 손으로 눌러보고 바람 상태를 확인한다.

놀이기구는 타는 방법을 먼저 익혀야 한다. 처음 배울 때는 넘어지기도 하지만 어느 정도 익숙해졌을 때 여러 가지 기술을 배우며 적응해나간다. 그중 가장 중요한 것이 멈추는 기술이다. 놀이기구를 멈추지 못하면 큰 부상을 입을 수 있다. 브레이크 기능이 제대로 작동하는지도 확인한다.

옷은 어떻게 입어야 할까? 끈이 달린 옷은 회전하는 바퀴와 엉켜 매우 위험할 수 있으니 간편한 옷을 입는다. 또한 다른 사람들의 눈에 잘 띄는 밝은색이 좋다.

안전장비를 반드시 확인해야 한다. 머리를 보호하기 위한 헬멧, 무릎, 팔꿈치 및 손목 보호대도 꼭 착용한다. 아이들은 타는 데 익숙해지면 안전보호구를 착용하지 않으려 한다. 헬멧은 머리를 눌러서 불편하고, 각종 보호대는 답답하다는 것이다. 하지만 안전보호구 없이 타서는 안 된다는 것을 명확하게 주지시켜야 한다.

정해진 장소에서 타기

아이들이 탈 장소는 부모가 먼저 확인하자. 바닥이 울퉁불퉁한 곳은 넘어지기 쉽다. 경사가 있는 곳도 매우 위험하다. 내리막길에서 갑자기 속도가 붙으면 미처 제어하지 못하고 넘어진다.

사실 아이들이 안전하게 탈 수 있는 장소를 찾기가 쉽지는 않다. 비교적 안전한 곳이 넓은 공원이다. 자동차로 이동해야 하는 불편함이 있더라도 반드시 안전한 곳에서 타도록 하자. 비 오는 날에는 바닥이 미끄러우니 타는 것을 금하고, 어두컴컴한 밤에도 사고 위험이 높으니 피하도록 한다.

이런 상황에서는 절대 이용 금지

사람들이 많은 곳에서는 다른 사람을 칠 수 있다. 아이도 불안한 마음으로 주위를 의식하다 보면 마음껏 즐기지도 못한다. 특히 무언가를 타고 횡단보도를 건너서는 안 된다. 내려서 끌고 가는 것이 안전하다.

아이들은 움직이는 양이 많기 때문에 물이나 음료를 자주 섭취한다. 그래서 음료를 손에 들고 타는 경우가 많다. 손에 무언가 들고 있으면 넘어질 때 바닥을 짚지 못해 머리나 얼굴을 다칠 수 있다. 아이에게 절대 손에 무언가를 들고 타지 않도록 교육해야 한다.

차량이 옆을 지나갈 때는 타던 것을 멈추고 기다려야 한다. 주차되어 있는 차도 갑자기 문이 열릴 수 있으니 그 옆을 지나갈 때 주의를 기울인다. 한국소비자원에서 스케이트보드 관련 사고를 분석(2011~2014년)한 결과 도로에서 사고가 가장 많이 발생한 것으로 나타났다. 도로는 차량뿐 아니라 다른 보행자와 충돌할 위험도 있으니 더욱 주의가 필요하다.

안전벨트와 카시트 올바르게 사용하기

아이의 안전에 중요한 카시트

자동차를 운행할 때 안전벨트의 중요성은 더 말할 필요도 없다. 안전벨트는 사고로 인한 충격을 잘 흡수하는 골반과 가슴뼈를 고정하고, 탑승자가 차량 밖으로 튕겨 나가지 않도록 묶어주는 역할을 한다.

「도로교통법」 제50조 1항에서도 모든 운전자와 탑승자의 안전벨트 착용을 의무화하고 있다. 아이들도 예외는 없다. 특히 영유아(만 6세 미만)는 어른의 안전벨트가 맞지 않아 오히려 더 위험할 수 있으므로 「도로교통법」에서는 영유아의 카시트 장착을 의무화했다.

교통안전공단의 〈2019년 교통문화지수 실태조사 보고서〉에 따르면 영유아의 카시트 착용률은 고속도로에서 60.12%이며, 대도시에서는 53.31%로 나타났다. 2014년 고속도로에서 카시트 착용률이 30%인 것을 감안하면 안전의식이 매우 높아졌다고 할 수 있다. 하지만 독일, 영국, 스웨덴 등 선진국의 카시트 착용률은 95% 이상이므로 여전히 낮은 수준이다.

카시트를 사용하지 않은 어린이의 사고를 분석한 〈어린이 충돌안전성 향상을 위한 평가방법 연구〉(심소정 등) 논문에 따르면 어린이 신체 부위 중 머리와 가슴, 목 순으로 가장 많이 다친다고 한다. 머리를 다칠 경우 중상 위험이 약 20배 높다. 카시트를 사용하지 않은 영유아의 경우 머리 상해치는 10배, 가슴 상해치는 2배 이상 증가한다는 것이다. 카시트를 사용하면 사망률이 0~2세 영아는 71%, 12세 이하는 54%까지 낮아진다.

안전하게 차에 태우기

차 주변에 아이를 혼자 두는 것은 매우 위험하다. 잠깐 한눈파는 사이 아이는 어디론가 사라진다. 차에 물건을 실을 때나 문을 열 때도 아이의 손을 놓지 않아야 한다. 특히 바닥이 경사진 주차장에서는 사이드브레이크가 채워지지 않은 차량이 굴러와 아이를 치어 사망하는 사고가 발생하기도 한다.

아이를 절대 혼자 태우지 말고, 무조건 뒷자석에 태워야 한다. 카시트도 앞좌석보다는 안전한 뒷좌석에 설치한다. 엄마가 아이를 안고 탄 상태에서 사고가 나면 아이는 엄마 몸무게의 7배에 해당하는 충격을 받는다. 따라서 아이는 반드시 카시트에 태워야 한다.

「도로교통법」에 따라 차에 타는 모든 사람은 안전벨트를 매야 하고 이를 어기면 6만 원의 벌금이 부과된다. 만 6세 미만은 3만 원이 부과된다. 하지만 벌금이 무서운 게 아니다. 아이의 안전이 더 중요하지 않은가?

자동차를 잠시 세워놓고 세탁물을 찾는다든가 김밥을 사는 등 잠깐 볼일을 볼 때도 아이 혼자 차 안에 두어서는 안 된다. 특히 한여름 차 안의 온도는 50℃를 육박한다. 이런 온도에 아이를 방치하는 것은 매우 위험한 일이다. 특히 아이들은 호기심이 많아 운전석으로 건너와 이것저것 만진다. 우리 아이도 틈만 나면 운전석을 노리고 있다. 항상 주의를 주지만 아이의 호기심은 어쩔 수 없다.

영화를 보면 주인공이 자동차의 모든 창문을 내리고 손을 내밀어 바람을 맞는 멋진 모습이 보인다. 하지만 아이가 이런 행동을 따라하면 지나가는 차에 부딪쳐 크게 다칠 수 있다. 운전석에서 모든 창문에 잠금장치를 걸고 필요한 경우에만 열어준다.

카시트 제대로 사용하기

카시트는 아이의 체중과 나이에 맞는 제품을 고르는 것이 중요하다. 안전용품인 만큼 아이에게 맞지 않는 카시트는 오히려 독이 될 수 있다. 아이에게 적합한 카시트를 구했다면 제품의 매뉴얼에 따라 안전하게 장착해야 한다.

카시트 고르는 법

카시트는 브랜드와 제품별로 종류가 매우 다양하다. 가격도 천차만별이어서 어떤 것을 살지 고민된다. 얼핏 비싼 카시트가 더 안전하지 않을까 생각하지만 인증받은 카시트의 성능은 큰 차이가 없다. 따라서 적정한 가격에서 구매하면 된다. 한국 건설생활환경시험연구원의 KC 안전인증이 붙어 있는지 확인한다.

동일한 성능이라면 더 가벼운 카시트를 고르는 것이 좋다. 사고가 나도 아이에게 전달되는 충격이 적고, 들고 움직이기도 편하다. 아이의 머리를 완전히 보호할 수 있는 헤드레스트, 목과 어깨 쿠션이 달려 있는 제품을 선택한다. 시트의 소재는 폴리우레탄 재질이 많이 들어간 천이 아이에게 안락감을 준다. 아이의 목과 척추를 보호하는 데는 등받이의 기울기가 중요하므로 등받이를 최대한 눕힐 수 있는 카시트가 좋다.

카시트는 나이에 따라 신생아용(0~12개월), 유아용(1~4세), 아동용(5세 이상)으로 구분된다. 아이의 연령과 체중에 따라 카시트를 선택하면 된다.

12개월 미만의 신생아용 카시트는 아이가 잠들었을 때도 바구니처럼 들 수 있다고 해서 바구니형이라고도 한다. 이 시기의 아이는 머리 무게가 체중의 10% 이상으로 무겁고, 목이 아직 덜 발달되어 차량 충돌 시 목과 척추를 크게 다칠 수 있다. 뒤보기형 카시트의 등받이는 차량 충돌 시 아이에게 가해지는 충격을 분산해 아이를 보호하므로 반드시 뒤보기형으로 차량에 설치한다.

1~4세의 유아용은 가장 일반적인 컨버터블 카시트가 적합하다. 이 시기의 아이는 스스로 목을 가누고 앉을 수 있기 때문에 앞보기형 카시트를 장착한다.

5~12세의 아동용은 부스터용 카시트가 적합하다. 키가 작은 아이들이 좌석에 붙은 안전벨트만 맨다면 차량 충돌 시에 장 파열과 척추 이탈이 올 수 있다. 부스터용 카시트는 어른용 시트에 올려서 아이의 앉은키를 높여 안전벨트가 골반 위치와 어깨를 지나가도록 조절하는 카시트다.

6세 미만 유아의 자동차용 어린이보호장치가 의무화되면서 기존 카시트에 비해 탈부착이 편한 천 재질의 인증되지 않은 저가 제품이 인기를 끌고 있다. 이런 제품은 부착된 벨트를 어린이에게 채우고, 중간 패드에 차량의 안전벨트를 끼워서 재차 고정하

모양	구속방식(제품 중간에 좌석안전띠 통과)	
	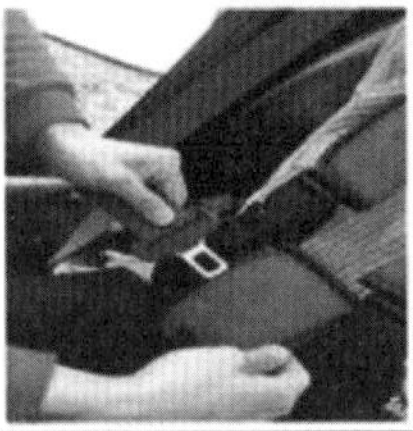	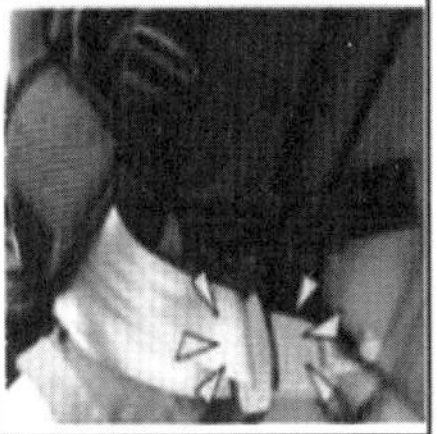

자동차용 어린이보호장치 안전실태조사(출처: 한국소비자원)

는 방식이다.

문제는 화재 같은 비상시에 차량 안전벨트와 카시트 벨트를 둘 다 풀어야 탈출할 수 있다는 것이다. 이런 경우 안전에 치명적일 수 있다. 유럽연합은 실험 결과 어린이 보호 기능이 없다고 판단해 '아이를 죽이는 카시트(killer car seats)'라고 명명하고 판매를 금지했다. 인증 제품의 가격이 5만~20만 원이라면, 인증되지 않은 제품은 오픈마켓에서 해외 직구(구매 대행)로 1만~5만 원에 판매된다. 가격이 싸다고 해서 인증되지 않은 제품을 구매해서는 안 된다. 무엇보다 아이의 안전을 우선 고려해야 한다.

카시트 안전하게 장착하고 아이 앉히기

카시트를 구매했다면 이제 차량에 장착해야 한다. 제품을 사면 설명서를 보지 않고 일단 작동해보는 경우가 많다. 하지만 카시트 장착 방법은 브랜드별 제품별로 다르다. 안전장치인 만큼 제품 설명서를 꼼꼼히 읽어보거나 동영상을 참고해서 정확하게 장착하도록 하자.

싸다고 해서 중고 제품을 사지는 말자. 사고가 난 카시트의 경우 그 충격으로 인하여 아이를 보호하는 쿠션재에 균열이 생겼다면 안전성이 보장되지 않는다.

이제 카시트까지 장착했다면 아이를 카시트에 앉혀보고 안전벨트가 잘 고정되어 있는지 확인한다. 헐겁거나 고정되지 않으면 오히려 아이에게 해가 될 수 있다. 특히 카시트에 앉히면 울고불고 하는 아이들이 있다. 우리 아이도 처음 카시트에 태웠을 때 한참을 울다 잠이 들었다.

많은 부모들이 아이가 울면 안쓰러워 아이를 안고 탄다. 그러나 명심할 것이 있다. 앞에서도 말했듯이 사고가 나면 엄마 몸무게의 7배에 가까운 충격을 아이가 받는다. 아이가 크게 다치기를 원하는 부모는 없다. 안전은 타협의 대상이 아니라는 것을 명심하자. 아이도 그렇게 몇 번을 하다 보면 적응한다.

카시트에 아이를 앉혔다면 머리 받침대의 위치가 맞는지 각도는 편안한지 확인하자. 눈으로도 확인하고 아이에게도 물어보자. 줄이 꼬이지 않았는지, 버클이 잘 끼워졌는지, 벨트에 이물질이 끼어 있는지도 확인한다. 모두 확인했다면 카시트를 한 번 흔

들어보고 제대로 고정되었는지 다시 한 번 확인한다.

카시트의 유통기한은 제품마다 차이가 있지만 4~5년 정도이다. 유통기한이 지난 카시트는 각도 조절 기능이 떨어지고 벨트 불량도 있다. 그리고 아이를 보호하는 스티로폼이나 우레탄폼이 쿠션 역할을 제대로 하지 못할 수도 있다. 카시트는 5년 이상 사용하지 말자. 아이의 안전을 위해서라면 조금 더 비용을 들여도 되지 않을까?

카시트의 위생도 생각하자. 과자나 음료, 아이의 침이 묻으면 얼룩이 생긴다. 카시트를 되도록 자주 분리해서 먼지를 털고 물티슈로 가볍게 닦는 것이 좋다. 세탁할 때는 카시트 커버를 벗겨내 유아용 세제를 미온수에 풀어 손빨래를 하는 것이 좋다. 세탁기를 사용하면 소재가 상할 수 있다.

아이가 다쳤을 때 어린이보험 활용법

아이가 다치지 않고 무사히 잘 자라면 얼마나 좋을까? 하지만 아이가 전혀 다치지 않고 자라는 경우는 없다. 아이들은 놀이에 집중하다 보면 주위 상황을 살피지 않는다. 집 안에서는 물론 야외활동에서도 많이 다친다. 학교에서는 친구들과 장난을 치다가 본인뿐 아니라 친구도 다치게 한다.

놀이터에서는 다른 아이와 부딪치거나 불안전한 놀이시설로 인해 다칠 수 있다. 음식점에서는 뜨거운 불판에 손을 데이기도 한다. 자전거나 인라인스케이트를 타다 넘어져 팔이 부러지고, 주차되어 있는 차량 문짝을 긁는 사고가 날 수도 있다.

물론 아이가 무사한 것이 가장 중요하지만, 우리 아이의 병원비뿐 아니라 다른 아이의 병원비까지 배상해야 하는 상황이 발생하면 부모는 더욱 속상하다. 우리가 잘 몰랐던 아이를 위한 보험과 야외활동 중 다친 경우 시설 소유자의 배상 책임에 대해 알아보자.

유용한 가족일상생활배상책임보험

일상생활을 하다 보면 부주의로 다른 사람을 다치게 하거나 물건에 손상을 입히는 경우가 있다. 예기치 못한 사고가 나면 당황할 수밖에 없다. 나로 인해 다른 사람이 다치거나 재산상의 손실이 발생하면 법률상 배상 책임을 져야 한다. 사람을 다치게 했다면 치료비를 보상하고, 물건을 망가뜨렸다면 그 물건을 배상해주어야 한다.

가족일상배상책임보험은 단독으로 가입할 수 없고, 주로 상해보험, 주택화재보험, 어린이보험, 운전자보험 등에 특약 형태로 들어간다. 여기서 가족이라 하면 본인, 배우자, 자녀 등이 포함된다. 아이들에 의한 배상 책임이 발생한 경우 매우 유용하다. 보험료도 월 1,000원 정도로 저렴하니 꼭 가입하기를 권한다. 가족 중 한 명만 가입해도 가족 모두에게 보험금이 지급된다.

자기 집 욕실에서 누수가 발생해 아래층 세대에 피해를 주었다면 배상 책임이 있다. 이때 일상생활배상책임보험으로 보험금을 청구하면 된다. 내 잘못으로 다른 사람의 휴대폰을 떨어뜨려도 보험금을 청구할 수 있다.

아이가 자전거를 타다가 주차되어 있던 차 문짝을 긁거나 남의 집에 놀러 가서 물건을 망가뜨렸을 경우에도 보험금을 청구할 수 있다. 특히 아이들은 뛰어다니다 다른 사람과 부딪쳐 물건을 떨어뜨리는 경우가 많아 매우 유용한 보험이다.

시설 관리 주체의 의무 배상책임보험

집 이외에 아이들이 많이 이용하는 공간은 어디일까? 학교, 학원, 놀이터, 학교의 수련시설, 수영장 같은 체육시설 그리고 음식점이나 키즈카페 등이 있다. 이런 공간을 이용하다 아이가 사고를 당하면 해당 시설에 배상 책임이 있다. 키즈카페에서 아이들이 다쳤는데도 해당 업체에 배상 책임이 있는 것을 모르고 병원비를 청구하지 않는 사람들이 있다.

아이들이 학교 내에서든 현장학습 또는 외부 행사에서 다칠 경우 「학교안전사고예방및보상에관한 법률」 제11조에 따라 학교공제보험 처리가 가능하다. 아이가 놀이터에서 다치는 경우도 많다. 이때 놀이터를 관리하는 곳에 보험금을 청구할 수 있다.

현행법에 따르면 아파트 놀이터와 공원 등 지방자치단체가 관리하는 공간은 '어린이놀이시설배상책임보험'에 의무적으로 가입해야 한다. 아파트 놀이터는 해당 아파트에 살지 않는 어린이도 보험 청구 대상이 된다. 하지만 일반적으로 이러한 사실을 잘 몰라 보험금을 청구하지 않는다.

아이들과 함께 이용하는 식당이나 상가에서 다친 경우에도 해당 상가가 배상 책임을 진다. 승강기를 이용하다 다치면 관리 주체가 의무적으로 가입한 '승강기사고배상책임보험'으로 보상받을 수 있다.

그 외에도 서울시, 인천시, 과천시 등 지자체에서는 시민들의 재난을 대비하기 위한 '시민안전보험'이 있다. '시민안전보험'은 시민이 자연재해로 사망하거나 폭발·화재·붕괴 사고, 대중교통 이용 시 사고, 강도, 어린이가 스쿨존 내 교통사고를 당했을 때 최대 1,000만 원까지 보상해준다.

학교폭력도 보험 청구가 가능하다

학교폭력은 생각보다 자주 일어난다. 요즘은 아무리 경미한 학교폭력이라도 학교 내에 설치된 학교폭력대책자치위원회(이하 학폭위)에서 그 사건을 담당한다. 학폭위에서 학교폭력에 대한 조사와 심의를 거친 후 피해 학생과 가해 학생에 대한 조치를 내린다. 이때 가해 학생과 그 보호자는 필요한 경우 피해 학생에게 손해배상을 해야 한다.

보험사에서는 어린이보험과 상해보험에 학교폭력 특약을 포함시키고 있다. 이 특약에 따라 피해자와 가해자 모두 보험 대상이 된다. 보험사별로 학교 폭력에 관한 특약 명칭과 보장 내용이 조금씩 다르므로 가입 시 확인하는 것이 좋다.

미성년자인 아이가 다른 아이를 다치게 했다면 그 부모에게 손해배상 책임이 있다. 부모는 아이를 관리·감독할 의무가 있기 때문이다. 아이에 대한 관리·감독을 제대로 하지 못했기 때문에 배상 책임을 지는 것이다. 미성년자는 판례상 만 15세 미만을 말한다. 미성년자 배상 책임이 발생한 경우 부모가 가입한 보험사에 지급 요청을 하면 된다.

앞서 언급한 학력폭력은 가족일상배상책임보험으로도 학교폭력에 관한 보험금 청구가 될까? 기본적으로 일상배상책임보험에서 폭력은 면책 조건이라 보험금이 지급되지 않는다. 따라서 원칙상으로는 학교폭력은 일상배상책임보험금을 청구할 수 없다. 그런데 판례에 의하면 불법행위라 하더라도 행위의 책임을 변식할 지능이 없는 경우에는 그 보호자에게 손해배상 책임을 지우고 있다. 변식할 지능이 없는 경우란 불법행위라는 것을 인지하지 못하는 상태를 말한다. 변식 능력이 없는 나이는 통상적으로 만 13세로 본다. 그러므로 초등학생 정도라면 일상배상책임보험을 청구해볼 필요가 있다.

통학 버스 안전하게 타는 법

아이들이 어느 정도 크면 어린이집이나 유치원을 다닌다. 집에서 조금 먼 거리의 어린이집은 통학 차량이 아이들을 데리러 오고 데려다준다. 그런데 어린이 통학 차량에서 사고가 끊이지 않는다.

2013년 충북 청주에서 당시 3세인 김세림 어린이가 통학 차량에 치어 숨졌다. 이를 계기로 「도로교통법」이 개정되어 2015년부터 시행되었는데, 일명 '세림이법'이다. 법이 대폭 개정되기는 했지만 사고는 여전하다. 우리 아이의 안전을 위해서는 부모가 꼼꼼히 확인하고 교육하는 수밖에 없다.

통학 버스의 일반적인 사고 유형

아이들이 통학 차량을 이용하다 보면 여러 가지 위험에 노출된다. 통학 버스에 치이거나 옷이 끼는가 하면, 아이가 버스에서 내릴 때 지나가던 차량에 치이는 사고도 발생한다.

첫째, 통학 버스 옆에 서 있다가 차량에 치이는 사고

운전석에 앉으면 차량 밖의 보이지 않는 사각지대가 있다. 버스는 승용차보다 차체가 높기 때문에 차량 앞부분과 측면 거울 아랫부분, 차량 뒷부분은 운전자의 눈에 잘 보이지 않는다. 백문이 불여일견이라고 했다. 내 아이를 운전석에 앉히고 사람이 보이는지 시험해보았다. 우선 차량 앞부분에 아이의 높이까지 앉아서 운전석에 있는 아이에게 보이는지 확인했다. 그리고 차량 측면 거울 아래와 차량 뒷부분에 앉아서도 확인해보았다. 그러자 아이들은 왜 위험한지 알 수 있다고 했다. 아이에게 차량 근처에 서 있으면 안 되는 이유를 잘 설명해야 한다.

둘째, 통학 차량 하차 시 옷이 문에 끼이는 사고

아이가 품이 큰 옷이나 끈이 달린 옷, 장식이 많은 옷을 입고 있으면 차량 문틈에 끼일 수 있다. 문에 아이의 옷이 끼인 채로 차가 출발하는 것만큼 위험천만한 일이 없다. 흔히 부모는 아이들을 출입구에 먼저 내려주고 주차를 하기 위해 이동하는 경우가 많다. 이때 아이들 옷이 문에 낀 것도 모르고 차를 움직일 수 있다.

이런 일을 방지하려면 아이들이 내린 후 천천히 차량을 움직여야 한다. 아이의 옷이 끼었다면 소리를 질러 아이가 다치는 것을 최소화하기 위함이다. 아이 몸에 잘 맞고 끈이 없는 옷이 안전하다. 혹시라도 자기 옷이 끼었는데 차가 출발하려고 한다면 운전자가 들을 수 있도록 크게 소리를 질러야 한다고 교육하자.

셋째, 통학 차량에서 내릴 때 뒤에 오던 차에 치이는 사고

통학 차량에서 내린 아이들이 갑자기 차 앞으로 튀어가는 경우가 많다. 어린이 통학 차량이 정차하고 아이들이 내릴 때는 주위 차량에 알리기 위해 점멸등이 켜진다.

「도로교통법」 제51조 1항에는 통학 차량에서 아이들이 내릴 때 다른 운전자는 멈춰서 아이들의 안전을 살핀 후 서서히 움직여야 한다고 규정되어 있다. 하지만 대부분의 운전자들이 그것을 지키지 않는다. 운전자가 멈춰서 아이의 안전을 살피지 않는다는 것을 감안해 아이에게 철저히 교육해야 한다.

넷째, 통학 차량에서 내릴 때 자전거, 오토바이에 치이는 사고

아이들이 차에서 내릴 때 자전거나 오토바이가 지나가면서 아

이들이 다칠 수 있다. 아이들에게 통학 차량에서 내릴 때는 좌우를 보면서 위험 요소가 없는지 살펴야 한다고 알려주어야 한다.

안전한 통학 버스 만들기

안전한 통학 버스 만들기는 어린이집이나 유치원에서만 하는 것이 아니다. 부모도 아이와 함께 안전한 통학 버스를 만들기 위해 노력해야 한다. 아이들을 보호할 인솔교사가 동승하고 법적으로 신고된 차량인지, 보험 가입은 되어 있는지 확인한다. 아이가 통학 버스를 안전하게 타고 내릴 수 있도록 부모가 지도해야 한다.

인솔교사, 신고필증, 보험증권 확인하기

「도로교통법」 제53조 3항에 의해 통학 차량을 운행할 때는 운전자 이외의 인솔교사가 아이들의 안전을 확인해야 한다. 인솔교사는 차에서 내려 아이들의 승하차를 확인한다. 그리고 아이들이 안전벨트를 맸는지, 운행 중에 창밖으로 손을 내미는지 등을 살핀다. 불가피하게 인솔교사가 동행하지 않은 경우에는 운전자가 내려서 아이들의 안전을 확인한다.

어린이 통학 차량은 규정에 따라 갖춰야 할 것이 있다. 「도로교통법」 제52조에 의해 경찰서장에게 신고증명서를 발급받아야 한다. 우리 아이가 등원하는 통학 차량에 신고증명서가 있는지 확인하자. 아이들이 타고 내릴 때 번쩍번쩍하는 점멸등이 있어야 하며, 차량의 앞면, 뒷면, 중앙 하단에 어린이 보호 표지가 있는지도 확인한다. 사고 시에 적절한 보상을 받으려면 「보험업법」 제5조에 따른 보험이나 공제조합 가입 여부도 확인해야 한다.

통학 버스 안전하게 타고 내리기

등원할 때는 통학 버스가 도착하기 전에 미리 나가서 기다려야 한다. 통학 버스가 먼저 도착해 있으면 아이들이 빨리 달려가다 다칠 수 있다. 차량을 기다릴 때는 안전한 위치에 줄을 선다. 내리기 전에는 자전거나 오토바이 등이 오는지 살펴본다. 버스에 타고 있는 동안에는 안전벨트를 꼭 매고 있어야 하며, 내릴 때는 손잡이를 잡고 이동한다. 차량이 움직이는 동안에는 창밖으로 손이나 머리를 내밀지 않아야 한다.

통학 버스 안에서 지켜야 할 것

통학 버스를 타고 내릴 때는 선생님의 지시에 따라 천천히 움직인다. 계단을 오를 때는 발을 헛딛지 않도록 손잡이를 잡는다. 평소에 안전벨트를 매는 습관이 들어 있다면 통학 차량에서도 잘 사용할 수 있다. 평상시에 안전벨트의 중요성을 인지시키는 것이 좋다.

통학 차량에서 자주 발생하는 사고 중 하나는 운전자가 아이를 차 안에 두고 운행을 마치는 것이다. 특히 여름철 차 안의 온도가 50℃ 이상 올라가 그 안에 있던 아이가 숨지는 사고가 많이 발생했다. 2019년 4월 17일부터는 어린이 통학 차량에 하차확인장치를 설치하도록 하고 있다. 하지만 아무리 좋은 장치도 제대로 작동하지 않을 가능성이 있다. 아이가 차량에 혼자 남게 되었다면 운전석에 있는 클랙슨(경적)을 눌러 주위 사람에게 알리라고 교육해야 한다.

신나고 안전하게
즐기는 물놀이

물놀이 사고를 경고하는 징후들

아이들은 특히 여름방학을 무척 좋아한다. 더운 여름날 물놀이 간다는 상상만으로도 아이들은 설렌다. 하지만 매년 여름만 되면 물놀이 익사 사고를 심심치 않게 접한다. 특히 아이들이 사망하는 경우가 적지 않다. 안전요원의 감시가 상대적으로 소홀한 해변가와 계곡뿐 아니라 안전요원이 있는 실내수영장에서도 아이들 익사 사고가 발생한다.

한국소비자원의 〈2018년 어린이 안전사고 동향 분석〉에 따르면 2013년부터 2015년까지 5년간 어린이 익사 사고는 매해 약 30건씩 발생했다. 교통사고와 추락 다음으로 아동의 사망 요인 3위다. 아이들의 익사 30건을 하인리히 법칙(1 : 29 : 300 법칙)에 따라 사고 징후와 가볍게 다치는 횟수를 계산해보았다.

1 : 29 : 300 = 30(사망) : 870(경상) : 9,000(징후)

가볍게 다치는 경상은 870건이며, 아차 사고라고 할 수 있는 사고 징후는 9,000건 정도다. 경상과 사고 징후를 합치면 9,870건 정도로 매년 약 1만 건의 아동 사고가 일어나고 있다. 어린이 물놀이 사고는 하천과 계곡에서 가장 많이 발생하고 해수욕장과 바다에서도 일어난다.

2019년 7월 5일에 발표한 행정안전부의 보도자료에 따르면 2014년부터 2018년까지 5년간 익사 원인으로 수영 미숙(31%)과 안전 부주의(22%)가 50% 이상을 차지했다. 특히 10대 미만의 아이들은 수영 미숙으로, 10대 아이들은 안전 부주의로 사고가 일어난다. 다시 말하면 수영 교육과 안전에 대한 교육을 철저히 한다면 아이들의 익사 사고를 줄일 수 있다.

물놀이를 하기 전 아이와 함께하는 안전수칙

나는 안전요원이 배치된 서울 근교의 대형 워터파크에서도 어린이 익사 사고를 확인한 적이 있다. 수영장에는 '체육시설의 설치·이용에 관한 법률 시행규칙' 별표6에 따라 감시탑에 안전요원 2명을 배치해야 한다. 하지만 안전요원도 주의를 소홀히 하거나 생리적인 현상으로 자리를 지키지 못하는 경우가 있다. 안전요원의 배치도 중요하지만 아이들의 안전을 위해 부모가 안전요원이 되면 어떨까? 물놀이를 하기 전에 아이와 함께 알아두어야 할 안전수칙이 무엇인지 살펴보자.

첫째, 물놀이장 확인하기

물놀이장에서의 사망 사고는 안전시설이 갖춰진 해수욕장이나 대형 워터파크보다는 하천이나 강, 계곡에서 더 많이 발생한다. 따라서 안전요원이나 안전시설이 없는 계곡과 하천에서는 더욱더 주의를 기울여야 한다.

우선 물놀이장에 위험 요소가 없는지 살펴봐야 한다. 아이가 물속에서 균형을 잃고 넘어지지 않으려면 물의 깊이를 확인해야 한다. 일반 수영장은 아이의 배꼽 높이, 물살이 있는 계곡은 아이의 무릎 높이까지가 안전하다. 물의 온도도 중요하다. 차가운 물에서는 놀이 시간을 줄이고 휴식 시간을 늘리는 것이 좋다.

둘째, 수영 전 준비운동과 구명조끼 착용하기

아이들은 어서 빨리 물에 뛰어들고 싶어서 마음이 급하다. 우리 아이들도 물놀이를 간다고 하면 집에서 아예 수영복을 입고 출발한다. 물놀이장에 도착하면 곧바로 뛰어들기 위해서다. 하지만 아이들을 진정시킬 필요가 있다. 부모는 아이들과 함께 준비운동을 하고, 안전하게 구명조끼를 착용했는지 확인한 다음 물에 들여보낸다.

셋째, 발부터 가슴까지 물을 묻히고 들어가기

온도가 낮은 물에 갑자기 들어가면 심장이 놀랄 수 있다. 아이의 들뜬 마음을 가라앉히고 엄마 아빠와 함께 먼저 발을 물에 담그고 천천히 다리에 물을 묻힌다. 그리고 팔과 얼굴, 가슴 순서로 물을 묻혀 심장이 놀라지 않게 한다.

넷째, 몸에 이상 증상이 나타나면 즉시 물 밖으로 나오기

물놀이는 칼로리를 많이 소비한다. 같은 시간을 놀아도 물 밖보다 물속에서 더 많은 에너지가 필요하다. 물놀이를 하면 빨리 지칠 수 있으니 부모는 아이들의 상태를 주의 깊게 살펴봐야 한다. 아이들은 몸이 지쳐도 더 놀고 싶은 마음이 강해서 밖으로 나오지 않는다. 30~40분 정도 물놀이를 했다면 밖으로 나와 10분 정도 쉬게 하자. 특히 음식을 먹고 바로 물놀이를 하면 위경련이

일어날 수 있으니, 30분에서 1시간 정도는 충분히 소화시킨 후 물놀이를 계속해야 한다.

다섯째, 항상 아이를 주시하기

아이들이 물놀이를 할 때는 항상 그 곁에 있어야 한다. 아이들은 어른들보다 판단력이 느리고 사고를 인지하는 감각이 떨어진다. 10세 미만의 아이가 절대 혼자 물놀이를 해서는 안 된다. 물의 온도가 아이의 체온보다 낮기 때문에 오랜 시간 물놀이를 하면 저체온으로 위험할 수 있다.

아이들은 몸 상태가 조금 이상해도 더 놀고 싶은 마음에 부모에게 바로 이야기하지 않는다. 부모가 아이를 주시할 수밖에 없다. 지난여름 아이들과 함께 계곡을 찾았는데, 아이들이 계곡물에 들어가 놀고 있을 때 대부분의 부모들은 밖에서 휴대폰을 보고 있었다. 아이의 안전을 위해 휴대폰은 넣어두고 아이와 함께 시간을 보내거나 아이를 주시하자.

부록

전국 안전체험관

강원

시군구	안전체험관
강릉시	강릉 숲사랑홍보관
삼척시	삼척 어린이교통공원
속초시	속초 국립산악박물관
원주시	원주 어린이교통공원
태백시	한국청소년안전체험관(태백365세이프타운)
화천군	화천군 어린이교통공원
횡성군	횡성 어린이교통공원

경기

시군구	안전체험관
고양시 덕양구	고양시 시민안전체험관
고양시 일산동구	백석 어린이교통공원
과천시	과천시 어린이교통공원
광명시	광명시 어린이교통교육장
김포시	김포시 민방위재난실전훈련센터
부천시	365안전교육장
부천시	부천시 어린이교통나라
성남시 수정구	성남시 민방위안전체험실
성남시 중원구	성남시 어린이교통공원
수원시 영통구	수원시 교통안전교육장
수원시 장안구	수원시 소방안전체험실
수원시 팔달구	수원시 민방위실전훈련센터
시흥시	시흥시 어린이안전체험관
안산시 상록구	안산시 민방위교육장
안산시 상록구	안산시 어린이교통안전체험교육장
안성시	안성경찰서 어린이교통공원
안양시 동안구	안양시 어린이교통교육장

안양시 동안구	안양시 재난안전체험관
안양시 만안구	안양시 소방안전체험실
양평군	양평군 소방안전체험실
연천군	한탄강어린이교통랜드
용인시 기흥구	용인시 어린이교통안전교육장
용인시 처인구	삼성애니카교통나라
용인시 처인구	용인시민안전체험관
의왕시	의왕시 소방안전체험실
의정부시	의정부시 민방위교육장
의정부시	의정부시 어린이교통안전체험교육거리
이천시	이천시 어린이교통공원
파주시	민방위실전체험훈련장
평택시	평택시 민방위실전훈련센터
화성시	한국교통안전교육센터
화성시	화성시민안전체험센터

경남

시군구	안전체험관
거창군	가조 안전체험관
김해시	경남안전체험교육장
김해시	김해시 어린이교통공원
김해시	민방위재난안전체험장
김해시	안전보건공단 경남 안전체험교육장
밀양시	밀양시 어린이교통공원
밀양시	특수교육원안전생활체험관
사천시	사천시 어린이교통안전체험장
양산시	양산시 시민안전체험관
양산시	호포차량사업소안전체험장

의령군	경남소방교육훈련장
진주시	어린이교통공원 및 청소년모험공원
진주시	진주시 민방위체험센터
창원시 의창구	창원시 어린이교통공원
함양군	함양 어린이안전체험학습장

경북

시군구	안전체험관
경산시	경산교통안전체험공원
경산시	안전보건공단 경북 안전체험교육장
구미시	구미시 민방위교육장실습체험장
김천시	김천시 어린이교통공원
상주시	상주시 교통안전체험교육센터
안동시	안동시 안전교육체험장
포항시 남구	포항시 어린이교통랜드
포항시 남구	포항 포스코 글로벌안전센터

광주

시군구	안전체험관
광산구	광산구 민방위체험식교육장
광산구	광주소방학교
북구	광주어린이교통공원
서구	광주광역시 안전체험관
서구	광주서구청 안전체험센터

대구

시군구	안전체험관
동구	대구 시민안전테마파크
수성구	대구 어린이교통랜드

대전

시군구	안전체험관
서구	대전 119시민체험센터
유성구	대전 교통문화연수원

부산

시군구	안전체험관
금정구	금정구 안전체험관
금정구	노포/호포 전동차안전체험장
금정구	스포원 재난안전체험관
금정구	스포원파크 어린이교통나라
동래구	부산119안전체험관
부산진구	부산진구 생활안전체험관
부산진구	부산진구 어린이교통안전교육장
북구	구포 어린이교통공원
연제구	연제구 포돌이교통나라
해운대구	해운대구 생활안전체험관

서울

시군구	안전체험관
강남구	강남소방서 안전체험교실
강서구	강서구 새싹어린이교통공원
강서구	강서소방서 안전체험교실
관악구	관악소방서 안전체험교실
광진구	광나루안전체험관
광진구	광진구 민방위교육센터
구로구	구로소방서 안전체험교실
노원구	노원소방서 안전체험교실
노원구	로보카폴리 어린이교통공원
도봉구	도봉소방서 안전체험교실

동대문구	동대문소방서 안전체험교실
동작구	국민안전체험교육장
동작구	동작소방서 안전체험교실
동작구	보라매안전체험관
마포구	마포구보건소 안전홍보관
마포구	마포소방서 안전체험교실
서대문구	서대문소방서 안전체험교실
서초구	서초구 어린이교통안전교육원
성동구	성동생명안전배움터
성북구	성북구 민방위교육장
성북구	성북소방서 안전체험교실
송파구	송파 어린이안전교육관
송파구	송파구 어린이교통공원
송파구	송파소방서 안전체험교실
양천구	양천 생활안전체험교육관
양천구	양천소방서 안전체험교실
영등포구	영등포구 특수구조단 수난구조대
영등포구	영등포소방서 안전체험교실
용산구	용산소방서 안전체험교실
은평구	은평소방서 안전체험교실
종로구	종로소방서 안전체험교실
중구	중구 어린이교통안전홍보관
중랑구	중랑소방서 안전체험교실

울산

시군구	안전체험관
남구	소소심교육센터
남구	울산 교통공원 안전체험관
남구	행복안전체험관
동구	동구 생활안전체험센터

동구	동부소방서 소방안전체험교실
북구	울산국민안전체험관
울주군	울산학생교육원 안전체험관
중구	중부소방서 119안전체험장

인천

시군구	안전체험관
계양구	계양구 어린이교통교육관
남구	인천 중앙어린이교통공원
남동구	남동구 민방위 실전체험훈련장
남동구	남동소방서 119소방안전체험장
동구	인천 어린이교통공원
부평구	부평 꿈나무교통나라
부평구	부평 안전체험관
부평구	안전보건공단 중부 안전체험교육장
중구	항공안전체험교육장

전남

시군구	안전체험관
강진군	강진군 안전교육종합체험관
광양시	광양시민방위실전훈련센터
나주시	나주소방서 119소방안전체험관
담양시	담양 호남안전체험교육장
담양시	안전보건공단 호남 안전체험교육장
목포시	목포소방서 119소방안전체험관
순천시	소방안전교실
순천시	순천어린이 교통공원
여수시	여수 해양경비안전교육원
여수시	여수소방서 119소방안전교실

전북

시군구	안전체험관
군산시	군산 어린이안전체험관
남원시	남원 어린이교통공원
임실군	전북 119안전체험관
전주시 덕진구	전주 교통안전체험관
전주시 덕진구	전주 어린이교통공원
정읍시	정읍 어린이교통공원
정읍시	정읍시 어린이교통공원

제주

시군구	안전체험관
제주시	제주 민방위실전체험센터
제주시	제주 소방교육대
제주시	제주 어린이교통공원

충남

시군구	안전체험관
공주시	공주시 안전체험교육장
공주시	공주시 어린이교통공원
공주시	안전보건공단 충청 안전체험교육장
금산군	금산군 어린이교통공원
당진시	당진시 어린이교통안전체험장
천안시 동남구	천안시 어린이교통공원
천안시 동남구	충청남도 안전체험관
천안시 서북구	천안시 어린이안전체험관
태안군	태안발전본부 종합안전체험장
태안군	한서대학교 재난안전교육원
홍성군	홍성군 어린이교통공원

충북

시군구	안전체험관
단양군	단양 어린이 교통공원
음성군	음성 어린이교통체험공원
제천시	안전보건공단 제천 안전체험교육장
제천시	제천 어린이교통공원
진천군	진천 종합안전교육체험관
청주시 상당구	청주시 어린이교통안전교육장
청주시 상당구	충청북도 학생교육문화원 어린이안전체험관
청주시 흥덕구	흥덕 충북도민안전체험관

평범한 아이도 영재로 만드는 내 아이 두뇌 트레이닝

성호경 지음 | 14,500원

99% 엄마들이 모르는
뇌 발달 시기에 맞는 내 아이 두뇌 훈련법

주도적이고 독립적인 인생을 살아가는 아이로 키우기 위해서는 지금과 같은 양육 방식, 교육 방식으로는 곤란하다. 지식 습득보다 사고가 자유로운 아이, 개인의 창의력과 상상력, 자제력을 갖춘 아이가 대접받는 세상이 오기 때문이다. 28년간 교육 임상가로 보낸 저자는 아이의 생존력을 키우는 5가지 키워드를 안내하면서 지혜로운 두뇌를 만드는 손쉬운 놀이 방법을 구체적으로 소개한다. 가정에서 부모와 놀면서 쉽게 따라 할 수 있으므로 많은 부모들이 두뇌 만들기의 안내서로 손쉽게 활용할 만하다.

세상 쉬운 우리 아이 성교육

이석원 지음 | 13,800원

아이의 거침없는 질문에 난감한 부모들을 위한
난생처음 내 아이 성교육하는 법!

5,000회 이상 20만 명에게 성교육을 강의한 차세대 성교육 멘토인 저자가 엄마인 여자는 절대 모르는 아들 성교육하는 법을, 남자인 아빠는 절대 상상할 수 없는 딸 성교육하는 법을 하나부터 열까지 친절하게 설명한다. 아들의 몽정과 자위를 엄마가 알고 딸의 생리를 아빠가 알게 된다면 저녁 식탁에서 가족들이 자연스럽게 성관계와 성평등, 아이들의 성문화까지 이야기하는 분위기를 이어갈 수 있다. 저자는 성교육의 필연성을 주장하는 데 그치지 않고 신뢰할 만한 근거와 통계를 담아 최신 트렌드를 반영한 성교육의 실전을 들려준다. 유아부터 십대까지 한 권으로 끝낼 수 있는 부모 성교육 교과서라 할 만하다.

북큐레이션 • 내 아이를 주도적인 사람으로 키우고 싶은 부모들을 위한 책

《부모가 반드시 알아야 할 우리 아이 안전교육》과 함께 읽으면 좋은 책. 내 아이를 독립적이고 주체적이며 자존감 높은 사람으로 키우는 부모가 될 수 있습니다.

IB 커리큘럼, 교과과정 상세 수록

국제 바칼로레아 IB가 답이다

김나윤, 강유경 지음 | 15,000원

IB 도입 초읽기에 들어간 대한민국 공교육!
국제 경쟁력을 가진 아이로 키우기 위한 필독서

IB(International Baccalaureate)는 1968년 비영리 교육재단인 국제 바칼로레아 기구(국제학력인증기구)에서 개발하여 운영하는 국제 표준 교육과정이다. 2019년을 기준으로 IB를 시행하고 있는 학교는 전 세계 159개국 5,217개에 이른다. IB의 가장 큰 장점은 교과서 중심이 아닌 학생들이 주도적으로 문제해결을 하는 프로젝트 형식의 교육과정에 있다. 이 책은 IB 교육과정의 모든 것을 소개한다. IB 교육이 지금 대한민국에 절대적으로 필요한 이유와 아이들이 행복하고 즐거워하며 바람직하게 성장하는 공부법이 되는 이유도 아낌없이 소개했다.

학년별 대입 포트폴리오 수록

세상 쉬운 우리 아이 진로진학

차현정 지음 | 16,000원

4차 산업혁명 시대, 부모가 물려줄 수 있는
가장 위대한 유산은 자녀의 '재능 키우기'다!

지금 부모들의 가장 큰 고민은 '이런 세상에서 우리 아이가 어떻게 먹고살 것인가?'다. 17년간 사교육 현장에서 아이들을 가르치고 입시 컨설팅을 해온 저자는 초등학교부터 아이들의 재능을 발견하고 이를 진로와 진학에 연결시키는 방법을 안내한다. 저자가 강조하는 것은 부모가 자녀의 적성 및 성향을 파악하고 내 아이의 고유한 재능을 발견해서 이를 진로와 진학에 맞게 키우고 개발해주는 일이다. 초등학교 때 아이의 재능을 키워줄 수 있는 씨앗을 심고, 다양한 경험을 통해 유능감을 발달시켜 재능을 꽃피운다면 다가올 대학 입시에서는 내 자녀에게 맞는 학과와 진로를 현명하게 선택할 수 있는 길이 열린다.